銀座ミツバチ奮闘記

都市と地域の絆づくり

The Ginza Honeybee Chronicles
The Bond between the City and the Community

高安和夫

アサヒビール株式会社発行■清水弘文堂書房編集発売

銀座ミツバチ奮闘記

目次

都市と地域の絆づくり

The Ginza Honeybee Chronicles

The Bond between the City and the Community

Kazuo Takayasu

第三章　日本再生、農の力で日本を元気に！…… 79

STAFF

PRODUCER 礒貝日月（清水弘文堂書房）
ART DIRECTOR 二葉幾久
CHIEF IN EDITOR 前田文乃
DTP EDITORIAL STAFF 中里修作
PROOF READER 石原 実
COVER DESIGNERS 深浦一将　黄木啓光・森本恵理子（裏面ロゴ）

□

アサヒビール株式会社「アサヒ・エコ・ブックス」総括担当者 丸山高見（常務取締役）
アサヒビール株式会社「アサヒ・エコ・ブックス」担当責任者 小沼克年（社会環境部 副部長）
アサヒビール株式会社「アサヒ・エコ・ブックス」担当者　高橋 透（社会環境部）

銀座ミツバチ奮闘記

都市と地域の絆づくり

高安和夫

アサヒビール株式会社発行
清水弘文堂書房発売

生きる本能を日々失いつつある私たち

㈱イースクエア代表取締役会長　木内 孝

世界各地で色々な災害が起こります。私たちのお仲間、人類の被害情況と同時に動物たちが受けた被害についても、もっともっと知りたいと思います。なぜかといいますと、象さんから犬猫に至るまで、動物たちは大体みんな逃げきり犠牲にならずに済んでいる、何万何十万の被害が出るのは人類に限られていると考えるからです。なぜでしょうか。動物たちの生きる本能は今も昔も変わっていないはずなのに。それはきっと生きる本能が麻痺しだしているのは人類だけだからです。

２００４年のスマトラ島沖地震では30万人近い私たちのお仲間が犠牲になった、その数か月後、私はインドの東海岸・オーロヴィルにおりました。そこでこの大地震で犠牲になったのは現代の文明にドップリつかっていた人たちだけだった、先祖代々の言い伝えを守っていた先住民たちは高台や山岳地帯に逃げて助かった、その時動物たちも一緒に逃げて助かったという話を耳にしました。

東京のド真ん中、麻布十番から徒歩５分の小さな裏庭を藤原養蜂場の藤原誠太さんに見ていただき「ウン、ここだったら大丈夫だろう」とお墨付きを頂戴し、３年前に数千匹のニホンミツバチをお分

受粉前（左）と受粉後（右）での桜の中心部の色の違い

けいただいて思ったことがあります。

もの心がついてから70数余年、戦前・戦中・戦後の極めて難しい時代を含めて、現在が「最悪」ではないか。こんなに自己中心、お金中心になり、人間はこのようであってはならないと知りながら、そこから抜けだそうとしない私たちを今までに経験したことがありません。守るべき伝統も道徳もない、罪の意識がない自分たち、私自身にできることはなにか。素朴で優しくて、人の痛みをチャンと感じていた日本人を思い出し、決して忘れないぞと自分に言い聞かせシッカリ生きようと覚悟することだと思います。

そんな時に、弱い自分の頼りになる支えが必要です。「社会性」を持った人類の存在は精々数万年、しかしニホンミツバチの存在は5百万年を超えています。そんなに前から現在のような高度な社会性を備えていたといいます。是非皆さんと、数歩の近距離内でニホンミツバチと一緒に暮らせる幸せを共有したいと思います。

桜は開花と同時に受粉前と受粉後で中心部の色を変え、ハチさんに無駄足を踏ませません。ハチさんの背後には大自然が寄りそっていますが、私たちに自然は寄りそってくれません。それは私たちが自然を大切にしないためではないでしょうか。

（写真撮影　山本なお子）

はじめに

残暑の厳しい8月23日、笠間市上郷地区笠間みつばちの里の田んぼでは、たくさんのトンボが飛びかっていました。旧岩間町のこの地区は昔からおいしいお米がとれることで知られています。ここは愛宕山をはじめ三方を山で囲まれた美しい里山地域です。

この地域の米づくりのリーダー生駒敏文さんの田んぼを訪問しました。この日も最高気温34度、うだるような暑さの中、みつばちの里の米公開確認会と生きもの調査を実施しました。検査員の江原浩昭さんの指導で圃場や乾燥施設、保管庫、精米施設などの確認をした後、林鷹央さんの指導で田んぼの生きもの調査を開始しました。生きもの調査といっても初夏から秋の生きものに変わる時期で、少し調査には早いと林さんには言われていました。

「せいぜい、何種類かのクモを発見できたらいいだろう」そんな気持ちで現地に行きました。生駒さんの田んぼ脇の水路は季節になるとたくさんの蛍が飛びかうそうですから、もしかしたらその水路で色々な生きものに出会えるかも！　そんな期待もありました。

トンボの出迎えを受け、期待に胸が膨らみました。そんな参加者の期待に応え林さんは次々に田んぼの生きものを発見していきます。耳を澄ますと鳥やコオロギなど虫の声もきこえます。そして、いよいよ水路に入ると小さい魚がたくさん泳いでいて、ついに発見！　大関級の水生昆虫タイコウチです。

それも1匹ではなく2匹目もほどなく発見。参加者はだんだん興奮してきました。林さんの説明をひと通りきいた後は、各自で自由に生きもの探しをしました。虫取り網を手に童心にかえった感じで皆さん自然の中ではしゃいでいます。見上げると秋を告げるような雲が愛宕山の上を通りすぎていきます。暑さを忘れて里山の美しい光景に見とれていました。

昨年は、東日本大震災の影響で関東地区は、田んぼのイベントは中止や自粛せざるを得ない状態でした。みつばちの里の米づくりを本格的に開始する今年は皆で田んぼへ行って田植えや生きもの調査、稲刈りなど都会の皆さんを呼んでのイベント開催が悲願でした。そして、この日皆さんに説明した「みつばちの里の米」には多くの希望が託されていました。

「みつばちの里づくり」の呼びかけ

ミツバチはおいしいハチミツをつくるだけでなく、受粉をとおして自然界の植物や農産物に貢献してきました。ところが近年、都市化による環境破壊や農薬の使用により蜂群崩壊症候群が問題になっています。そして絶滅の危機にあるのはミツバチだけでなく、トンボやカエル、ホタルなど里山の生きものたちも同様です。

私たちは環境指標生物ともいえる在来種の日本ミツバチに注目し、地域の生産者自らミツバチを飼育し、ミツバチが元気に飛べる（半径500メートル基準）環境をみつばちの里としました。また、ミツバチやほかの里山の生きものが元気に生息できるよう殺虫剤の散布を中止し、自然環境に配慮した農業を実施する地域もみつばちの里としました。

みつばちの里の生産者は、遊休農地に菜の花やレンゲを植えて蜜源づくりや地域の景観形成にも取り組んでいます。都会で生活する皆さんも、食べることで人やミツバチが安心して暮らせる環境づくりを応援してください。

地域の自然や環境はその地域の人だけでなくその恩恵を受ける都会の人、さらには恩恵は受けなくても同じ時代を生きるものとして、この自然や環境を次の世代に引きつぐことへの責任があると思います。

環境保全型の農産物を食べることで、都会の人も、地域の自然や環境を守る活動に参加できる、こうしたライフスタイルをぜひ日本から世界に発信していきたいと思っています。

また、多くの生産者と議論を重ねて到達した「みつばちの里の米」の栽培基準は新しいオーガニックの基準づくりの可能性があります。火山灰土で高温多湿の日本は、土壌の環境から見ても、ミネラル成分から見ても、雨が多く草も伸びやすく病気も発生しやすい環境から見ても、EUやアメリカと同じオーガニック基準では、基準をクリアするまでの生産者の負担がとても大きくなっています。そこで、近年JAS有機認証を取得しない、目指さない生産者が増えてきました。

また、私たちは化学肥料や農薬による農業が原因の自然破壊、環境破壊を考えると、有機農業の生産者を増やす努力をするより、多くの生産者にまず環境保全型農業に切りかえる決心をしてもらい、少しずつ農薬や化学肥料を減らし、生きものにやさしい農業を実現していくほうが大きな効果があると思っています。

現在、エコファーマーの登録をしている生産者は20万人を超えたそうです。将来、10万人のミツバチファーマーが育ち、それを百万人のグリーンコンシューマーが応援する仕組みに発展させたいと考えています。そして、日本全国で殺虫剤の空中散布を中止し、トンボやカエルやホタル、そしてミツバチが元気に飛びかう里山を増やしていきたいと思います。

ミツバチが橋渡しになって、都会の消費者と地域の生産者をつなげないか！　また、生産者も消費者もすぐに納得できる基準はないものか？　そうした思いから到達したのが「ミツバチやほかの里山の生きものが元気に生息できるよう、殺虫剤の散布を中止し自然環境に配慮してお米を生産します」と、生産者が宣言し、その農法の生産者を都会の人がお米を買うことで応援する仕組みづくりです。

今回の生駒さんの圃場での公開確認会は、この「みつばちの里の米」の基準に合った栽培をしているかを確認するはじめての公開確認会でした。

私はかつて「人と自然との共生する社会」を実現するための仕事ができないかと真剣に考えていました。その後、有機農業を目指す生産者グループに転職し、そのグループの東京営業所を銀座に出したことで、銀座ミツバチプロジェクトをはじめることになりました。

そして今、ミツバチを橋渡しにした「人と自然との共生する社会」について、本を書き、講演し、ハチミツやその関連商品、そして今回はお米を通して、食べることでメッセージを伝え、それを流通させることで経済性を担保した社会活動を実現しました。

環境活動はボランティアでは拡がりに限界があり、ソーシャルビジネスに昇華してこそ発展することを自らがプレーヤーとなり学んできました。また、目標には到底届きませんが、これまでの過程を本書を通じて皆さんと共有すると同時に、一緒に「人と自然の共生する社会」実現を目指しアクションを起こしていきたいと思います。

第一章
「農」の魅力を銀座から

© カワチキララ

1　なぜ銀座でミツバチなのか

銀座のビルの屋上でミツバチを飼いはじめたのは、2006年3月28日でした。はじめ「銀座でミツバチ!?」の報道に、随分驚いた方や「なんてお騒がせな奴らだ！　ミツバチは刺すだろう」と思った方がたくさんいたと思います。また、「事故がないように気をつけろよ」とご心配の言葉も多くいただきました。

1年目は6月中旬の梅雨が始まる前までの季節限定で養蜂を実施しました。それは師匠である藤原養蜂場の藤原誠太氏より、「梅雨の前までは花蜜が豊富な時期。ミツバチも花蜜を集めるのに必死で、人のことなど気にしないよ」の一言から、ともかく安全に、銀座の街の皆さんに安心してもらえるように配慮しました。そして無事、6月中旬銀座のミツバチは足立区の養蜂家の元に引っ越ししました。すると「来年もミツバチは来るの？　楽しみにしているよ」と多くの街の方から声をかけていただきました。一緒に始めた田中淳夫氏（紙パルプ会館専務取締役）と「ミツバチも市民権を得たかな」とひと安心したことを懐かしく思いだします。

さて、「なんで、銀座でミツバチなの？」「なんで銀座なの？」という質問をよく受けます。それには理由があります。私の本業は有機栽培あゆみの会・㈲アグリクリエイトの東京事務所の責任者です。そして、このグループは創業当時から「らでぃっしゅぼーや」に出荷する生産者団体でした。1995年ごろから、私は勤めていた住宅会社を辞め、「人と自然とが共生する日本を発信し、世界から尊敬される国にしたい」それを仕事にできないか考えていました。

コンバインでの農作業風景

斉藤公雄氏（前列中央）とアグリクリエイト農業振興事業部メンバー

でも、そんな仕事あるのかな？　なければ創るか。そんなことを考えていた時、参加したワインの会で偶然の出会いがありました。お米の生産者の平井正夫氏と斉藤公雄氏（有機栽培あゆみの会代表）です。平井氏は「米づくりは、ワインづくりと同じだよ」「うまい米のできる田んぼは、土や水や色々な条件が整っているが、そうじゃない田んぼで、環境を整えうまい米をつくるのが俺たちの技術だ」と、ワイン焼けした赤ら顔の平井さんが妙にカッコ良く見えました。

また、斉藤さんが「俺たちは、らでぃっしゅぼーやという宅配グループに出荷している。このグループは農薬や化学肥料による環境破壊を都会の人に訴え、それを防ぐために農薬や化学肥料を極力使わない農家を増やし、環境を守る活動をしている」と胸を張って言っていました。

私は、その時「これだ、俺の仕事は！」と思いました。ところが現実は甘くなく転職には3年以上の月日がかかりました。そして1999年、食品リサイクル事業の責任者として転職を果たしました。今でも「高安さんは、ミツバチがお仕事ですか？」と聞かれますが、仕事は「都会の生ごみを有機肥料に変え、できた野菜をお届けすることや、生ごみのリサイクルと有機野菜づくりなどの農業講座を開催し、都会の人に農業を身近に感じてもらうため、屋上農園の設計・施工・管理もしています」と答えています。

では、なぜ銀座だったのでしょうか？　それは簡単、私は銀座が大好きだからです！　加えて、私の嫁さんは、三代つづく京橋の床屋の生まれで、小学校は東京駅前の城東小学校、中学校は銀座中学校と京橋、銀座が遊び場だったそうです。また、学生時代は親父の友人がオーナーをしている木挽町の料亭でアルバイトもしていたそうです。私たちの最初のデートも銀座。でも、それだけではありません。

銀座は江戸時代から職人の町、芸術や文化を産みだす街でした。今も徳川家康がつくった街割りが残っています。京間八間幅（約15・2メートル）の銀座通りは朝鮮通信使や大名行列が江戸城に入城する前のハイライト劇場空間でもありました。また、家康が江戸に幕府を開いた時、近江商人などを呼んでつくった商人の街が日本橋です。越後屋呉服店が前身の日本橋三越がまさにそれです。

銀座はというと能や茶の湯、観世通りや金春通りが名残です。また絵師などの芸術家を住まわせると同時に、弓町、鞘町などに職人を住まわせました。もちろん銀の鋳造所があり細工職人も多数いました。私の事務所のある場所は木挽町です。少し前までは料亭、料理屋が多い街でした。ここは江戸築城で集められた大工や木挽き職人の街で、後には桶や樽などをつくる街でした。また、銀座では書画・骨董などの商いが営まれ、目利きが集まり、その名残が今の画廊です。

江戸時代から銀座には文化を創造するＤＮＡが流れていました。また、忘れてはいけないのはそのＤＮＡを刺激したのは田舎者のパワフルな行動力と発想でした。江戸時代各藩の教育水準は高く、優秀な地方の若者が参勤交代の短い滞在期間で「連」に参加し青春を燃やしたことは想像に難くありません。そこで田舎者の私も参画し「食を大切にし、環境にやさしいライフスタイル」を創造し、世界に広めることのできる街として銀座を選びました。

2 銀座ミツバチプロジェクト®誕生

銀座は「高いとか、安いとか」だけでなく、生産者の技術と味を、その背景にある食文化を評価し、楽しむ消費者が集まる街だと確信していました。そこで2004年から「銀座食学塾」という食と農の勉強会・交流会を開催し、無農薬の「米つくり隊」も結成しました。

そして、もっとたくさんの銀座の人に、食べ物の生産に関心を持ってもらうため銀座での地産地消を考え、田中さんに「銀座食学塾に会議室だけでなく、屋上も貸してくれないか。野菜とかハーブ、イチゴとか……。なにか食べ物をつくりたい」と相談しました。すると「できた農産物を街の老舗や百貨店が使って、街が元気になる活動になら貸しても良いよ」という答えが返って来ました。「そんなことできるかな」というのが正直な気持ちでした。

銀座の老舗ならイチゴはどうか、メロンは？　沖縄の友人からは「やっぱりマンゴーでしょう。銀座のクラブのママが高く買ってくれるよ」という提案もありました。しかし、どれも銀座の老舗が認めるようなクオリティーは実現できません。半分あきらめかけていた時、屋上を探している養蜂家がいることを知りました。ミツバチの神様が微笑んだのでしょう。

屋上でミツバチの巣の世話をする藤原さん（左）と田中さん（右）

田中さんとふたりで養蜂家に屋上を貸して、ハチミツを分けてもらえば銀座で地産地消も夢じゃないと、早速、周りの皆さんに相談すると反応も悪くない。そこで養蜂家の藤原誠太さんに会ってみると「この屋上でもミツバチは飼えますよ。高安さん、田中さん、途中で投げださないように、しっかり勉強して飼ってくださいね」と言われ「え〜！　ミツバチを飼うのは藤原さんじゃなかったんですか」と驚きました。

普通ならここで断念するところですが、ミツバチの神様は諦めませんでした。藤原さんの話を何度も聞くうちに私たちもミツバチの魅力に取りつかれ、藤原さんも銀座でミツバチを飼うことで多くの都会の人がミツバチに関心を持ち、ミツバチの置かれている悲しい現実を知り、力になってくれるのではないかと希望を持つようになっていきました。そして、ついに銀座ミツバチプロジェクトが誕生したのです。

さて、ミツバチの置かれている悲しい現実とは、農薬の問題です。２００５年夏、盛岡市内の藤原さんの養蜂場では、ミツバチが大量死しました。８月に田んぼのカメムシ対策に撒いた殺虫剤が原因です。その後、全国からミツバチの大量死の報告が上がってきました。

２００９年にはミツバチ不足が大きな社会問題となり、テレビや新聞で報道されました。しかし、残念なことに、大騒ぎしたのは農薬を使っていた園芸農家で、「受粉用のミツバチが足りない」からといった内容だったのです。

本当は、農薬による環境汚染を問題にするべきで、じつは全国の田んぼでは、ホタルだけではなく、メダカやトンボ、カエル、多くの水中生物などが絶滅の危機に瀕しています。そこで私たちは「自分や家族の健康のために、オーガニックの農産物を食べるだけではなく、ミツバチやトンボやカエルなど生きものや自然環境を守るためにオーガニックの農産物を選びましょう」ということを、いつも講演や取材の時に話すようになりました。

佐渡の無農薬でつくった米粉と銀座の蜂蜜を使ったロールケーキ

２０１０年はＣＯＰ10（生物多様性条約第10回締約国会議）がありました。私たちは2年前から、環境をテーマにした生きものの関心事は、佐渡のトキと銀座のミツバチだと、勝手に解釈して、佐渡の無農薬の生産グループ（佐渡トキの田んぼを守る会・代表斎藤真一郎）と連携し、トキのために無農薬で栽培したお米の規格外品で米粉をつくってもらっていました。そして銀座のハチミツを使って、「無農薬米粉の銀座ハチミツロールケーキ」をイタリアンレストランのキャンティーでつくってもらい、松屋銀座で販売しました。多くの皆さんの共感を得て「トキ×ミツバチ応援プロジェクト」が立ちあがり、無農薬・低農薬のイチゴや茶豆の商品もできました。

銀座では、「ミツバチや環境のために、オーガニックの食品を食べましょう」というライフスタイルが広がりつつあります。

3　銀座のママが着物姿で農作業

そして今、銀座の話題は「クラブのママが、着物姿でする農作業」です。このストーリーに共感した「夜のチョウ」の皆さんが、昼にミツバチと活動をともにしています。

私たちの「ミツバチは、私たちが安全に飼います。皆さんは、ミツバチが遊びに行ける花畑や野菜畑、ハーブ園をつくってください」「屋上をミツバチが安心して飛べる里山（ビーガーデン）にしましょう」という呼びかけにいち早く手を上げてくれたのが、銀座の街で90年近い歴史を誇るバーやクラブ、飲食店の団体「銀座社交料飲協会（GSK）」の皆さんでした。

白鶴銀座天空農園で落花生の苗を植える白坂亜紀さん（右）と筆者（左）

銀座白鶴天空農園での稲刈り

銀座白鶴天空農園での田植え

ＧＳＫの理事でクラブ稲葉のママ白坂亜紀さんとバー・ペシェのママ清水桃子さんが中心となり、ＧＳＫ緑化部ができました。そして、そんな話を聞きつけたのがＮＨＫのディレクターでした。

２０１０年の４月、昼の「ふるさと一番」の生中継を銀座から実現しました。「銀座がふるさとになった」とみんな大喜びでした。そして、白坂さんやホテル西洋銀座の広田昭二シェフに出演していただき、「銀座ではクラブのママやホテルのシェフが野菜づくりをしている」と、全国の人が知るところとなりました。

それからです。新潟市から屋上で特産の「黒崎茶豆」を育ててみませんかというご提案をいただいたのは。「新潟の茶豆生産者が銀座に来て指導しますから、大丈夫です」と、ＮＴＴ東日本京橋ビルや白鶴酒造、銀座ブロッサム中央会館の屋上で黒崎茶豆を育てることになりました。

苗植え式では、篠田昭新潟市長や中央区の元副区長が着物姿のクラブのママさんたちと並んで苗を植えました。苗を植える人よりテレビや新聞の取材のほうが多いくらいでした。

また、銀座の屋上農園の人気イベントは、白鶴酒造の天空農園の田植えや稲刈りです。白鶴の関係者だけでなく、銀座ミツバチプロジェクトやＧＳＫ緑化部、ホテルのシェフやバーテンダーそのほか、たくさんの職種の方が参加し「銀座の生物多様性」大集合となりました。

作業の後は、銀座で収穫し、さらに銀座で仕込んだお酒で乾杯です。晴れ渡る空のもと芝生に車座になり、バーベキューの香ばしい炭火焼の肉をほお張りながら飲む酒は最高です。

ホテル西洋銀座の広田シェフが言っていました。「私は銀座に仕事に来ているけども銀座の一員だという気がしなかった。けれど、こうして各屋上の農園イベントに参加し、顔見知りができて酒を酌みかわすと、職場を超えて、銀座の一員になった気がする」と。その言葉通り、ミツバチが飛び、屋上農園が増えて仲間が集まり、新しいコミュニティが生まれました。

銀座の夜の街でも農園の話題で持ちきりです。屋上で茶豆やハーブ、葉物野菜を栽培して、お店でも出しています。「オーガニックだから美味しい！」と評判だそうです。

先日、今年の栽培計画の相談を受けました。「バーではフレッシュミントを使ったモヒートが人気だから銀座産ハチミツと銀座産ミントは評判になるよ」「じゃあ、今度はミントを栽培しようか」「あと、ショウガもカクテルで使うのでつくろうよ」と、銀座産オーガニックカクテルの登場で、バーやクラブではミツバチから始まった農業や自然・環境についても自分のこととして語られています。

それから着物姿でクワを持つ白坂さんの活動の場は屋上だけにとどまらず、新潟や福島、茨城など生産の現場にも我々と足を運び、地域の特産の農産物を銀座の皆さんに紹介しています。

最近では、福井県知事や茨城県知事からも地元の農業支援を依頼され、なんと茨城県からは農業改革支援会議委員の任命まで受けています。

4 未来都市は自然とやすらぎ

最近、屋上でミツバチの作業をしていると「銀座が盆地になっていく」と感じます。銀座の周辺、汐留、丸の内、八重洲、隅田川の先、佃、月島、晴海などでは200メートル級の高層ビルがまだまだ増えています。

2006年にプロジェクトをスタートした当初は、東京タワーが見え、少しですが皇居も見えました。それが今ではビルばかりです。高層建築を否定する訳ではありません。でも、自然に囲まれた中低層の街にあこがれるのは私だけでしょうか？ そんなことはないと思います。銀座は「銀ブラ」という言葉に象徴されるように、回遊できる中低層の街です。

六本木や汐留に刺激され高層建築の話が持ちあがった時、街の皆さんが議論を重ねました。そしてゆるやかに方針が決まり、2007年中央区の条例で56メートルの高さ制限ができ、最近建築されたシャネルやブルガリ、マロニエゲートや三越新館もそれに合わせています。「人にもミツバチにもやさしい高さになった」と関係者から聞かされた時は、思わず吹きだしてしまいました。

銀座には江戸時代から高さとファーサード（建築物の外観）をそろえるDNAがあります。近い将来、かつての8階でそろっていた表通りの高さが13階に建てかえられ、軒と高さがそろった時、その屋上にはミツバチが飛びかう花畑や野菜畑、ハーブ園など里山のような空間がひろがり、人が集いやすらげる場所にしたいと思いました。「銀座里山計画」はそんなところから生まれたのです。

日本の中心都市、東京。そのまた表玄関ともいうべき皇居から大手町、丸の内、有楽町、銀座、晴海、お台場、海へとつづくこのエリア全体を、公園や街路樹だけでなく屋上や壁面、そのほか未利用の空間地を花や野菜、ハーブなど、見てやすらぎ、食べて美味しいものを植え、ミツバチが元気に飛べるように化学物質に頼らないで管理する。

そうするとミツバチが受粉した木々は実をつけ、その実を小鳥が食べに来る。もちろん小鳥たちは実だけではなく毛虫など、木につく虫も食べてくれます。今まで虫対策に散布していた殺虫剤も必要なくなります。そうするとたくさんの昆虫や微生物がどんどん増えていきます。

また、小鳥が増えるとそれを餌にする猛禽類（鷹の仲間）も現れます。事実、皇居には猛禽類も生息しているそうです。人の手でつくり上げたものかもしれないですが、都心に生態系を取りもどし、生物の多様性を感じる街が実現します。

5　あこがれの街、銀座

東京銀座は、日本国内だけでなく中国や韓国などのアジア諸国、さらに世界各国の人びとのあこがれの街です。銀座に魅かれる理由は数々あると思いますが、最先端のファッションの街であり、文化・芸術の香りのする街、グルメの街。

この街のもうひとつの特徴が銀座通りです。京間八間の銀座通りは、朝鮮通信使や参勤交代の大名行列のハイライトの場でした。江戸の町人は朝から水を撒き、道を清めて桟敷席を用意し、朝鮮通信使の一行を待ちました。まさに家康の威光を示すための劇場空間でもありました。日本には西洋の街にある「広場がない」と言われますが、銀座通りは広場の役目をしていたのではないかと思います。今でも週末の歩行者天国は広場と同じです。

さて、家康の時代が終わり明治の銀座は、横浜が開港して、新橋と横浜間に蒸気機関車が開通すると、西洋文化の発信の場になりました。先日、1890年代後半の銀座の写真を見る機会がありました。雨の日に傘をさした女性が店のガラス戸を覗いています。昔の地図と比べてみると四丁目の交差点から新橋方向を撮ったもののようですが、なにをしていると思います？

これぞ「銀ブラ」です。江戸時代から商売の中心日本橋では座売りでした。大きな暖簾の中で、座敷に上がり、反物を広げて品定めするのが普通でした。

ところが西洋の洋服、靴、帽子などを売る店は、なにを売っているのかを見せるためにガラス越しに商品を並べました。人びとはその商品を見て、店に入り買いものをします。しかしこの時代に、しかも雨の日に女性がショッピングです！足元はといえば、すでにレンガが敷いてあり雨でも泥は跳ねません。

おそらく1890年代後半、雨の日に女性がブラブラ歩いてショッピングを楽しめる街は、世界中探しても少なかったと思います。こうした歴史の積みかさねが「あこがれの街、銀座」を今に残しているのではないかと思います。

銀座三越テラスファーム

6　芋畑が四丁目の交差点に出現

さて、2006年に銀座でミツバチを飼いはじめた私たちは、2011年ついに銀座四丁目の交差点の屋上に芋畑をつくってしまいました。一緒に銀座ミツバチプロジェクトを始めた田中さんは、銀座の旦那さんといわれる大先輩から「おい！　田中くん、江戸時代だと君たちは切腹ものだ。銀座で畑をつくって芋を植えるとはな」と、お叱りとも応援のエールとも思える言葉をいただいたそうです。

ミツバチをきっかけに「自然と共生する街づくり」を銀座で実現し、自然を取りいれることで街の価値を上げ、二十一世紀後半になってもアジアで一番のショッピングの街であり、グルメの街、世界中の人びとの「あこがれの街、銀座」であるために、「街に自然を取りいれましょう」と、機会あるごとに皆さんに話してきました。そんな中、銀座三越リニューアルの相談を最初に受けたのは3年前でした。

新店計画プロジェクトの担当者の皆さんと数えきれないくらい打ち合せを重ねてきました。一貫して大切にしてきたのは、「街でもこれだけ自然を取りいれることができるということを自らが行い、子どもたちや地域の方々が自然にふれあい、自然や環境を知る場をつくりたい」という思いです。そこから「銀座テラス」の中に「Terrace Farm」（テラスファーム）が誕生しました。

生産者の斉藤さんの指導を受けながらカボチャいもの苗を植える小学生

銀座三越の担当者も、テラスファームには地元の子どもたちに農業体験の場として活用してもらいたい。収穫だけでなく、種蒔き、草取り、水やりなど、農作業に参加し、皆で収穫して、収穫した野菜をぜひ家庭で食べてもらいたいと言い、その仕組みをどうつくるかが課題でした。

まずは、小学校の先生に相談してみることにしました。以前、ミツバチのイベントで銀座ブロッサムの屋上に菜の花の苗を植えた時、京橋築地小学校の子どもたちが来てくれました。そこで今回も地元、京橋築地小学校に相談に行くことにしました。校長先生から「とても良いことですね。ぜひ、一緒にやりましょう！」と快諾を得ました。

レンコンを樽に植える説明を聞く小学生と斉藤さん

２０１０年９月、銀座三越リニューアルオープンに合わせて、テラスファームもスタートしました。当日は４年生の児童63人が参加しました。Ａ：野菜の話を聞く　Ｂ：種を蒔き、苗を植える　Ｃ：食品リサイクル（銀座三越では、館内の生ごみを処理機でたい肥にして、ファームで利用しています）の話を聞くの３つのグループに分かれて、それぞれの体験を実施しました。

子どもたちがエレベーターを降り、並んでファームの前に集合した時は、子どもたちだけでなくスタッフも少し緊張していましたが、土になれると子どもたちは大喜びです。ホウレンソウ、小松菜などの葉物野菜やカブや大根の種を蒔き、ブロッコリーやキャベツの苗を植えました。

また、三越担当者と相談し、毎週土曜日の10時から12時は、テラスファーム作業日にしました。毎週その時間私たちのスタッフがテラスファームで管理作業を行う時、体験に参加した子どもたちも保護者と一緒に農園作業に参加できる仕組みをつくりました。11月には葉物野菜の収穫と農園の管理。そして、12月にブロッコリーやキャベツの収穫と菜の花の苗植えを4年生全員で行いました。

子どもたちに「3月になると、皆さんの植えた菜の花の花が咲きます。花が咲くとミツバチも遊びに来ますから、お父さんやお母さんと、菜の花や遊びに来るミツバチを見に来てください」と話しました。最初の年は戸惑うことも多かったのですが、学校側の協力もあり、子どもたちには有意義な体験をしていただけたと思います。その結果が、次の年につながりました。

京橋築地小学校で出前授業を行う筆者

2011年、中央区ではNPOと区との協働事業提案を公募しました。そこに私たちは環境出前授業を提案し、採択されました。それはディスプレイケースに入れたミツバチを学校へ持って行き、ミツバチを通して、自然のこと、食べ物や農業のことを子どもたちに伝える授業です。区内11の小学校と幼稚園で実施することになりました。もちろん、京橋築地小学校からも希望がありました。

校長先生と相談した結果、3年生には自然や環境、食育の出前授業を実施し、4年生は銀座三越テラスファームでの農業体験授業。5年生は白鶴の天空農園で米づくりをすることが決まりました。

ついにテラスファームの活動開始です。この年、茨城県稲敷市の協力を得て、特産のサツマイモやカボチャなど農家の苗を分けてもらい、当日は苗植えの指導に稲敷市から、有機栽培あゆみの会の斉藤代表にも来てもらいました。小松菜、ホウレンソウなどの葉物、トマト、ナスの苗、枝豆や落花生にも挑戦しました。

5月の連休明けの当日はお天気が心配される少し肌寒い日でしたが、元気な子どもたちは半そで、半ズボンの体育着でやって来ました。今回も3つのグループに分かれて作業開始です。元気いっぱいの男の子たちが、苗をやさしく扱ってくれるかハラハラしながら見守っていました。

今回の新しい試みとし、稲敷特産のレンコンも樽に植えました。レンコンの説明を受けた子どもたちは、みんなレンコンに触りたがり、一時は大騒ぎでした。

銀座四丁目の屋上でサツマイモや枝豆、落花生が収穫できたらすごいことです。さらに、レンコンまで植えたのですから、これは、新しい都市文化の創造ではないでしょうか。

現在、銀座では松坂屋の六丁目再開発計画も発表されました。また、いくつかの建て替え中のビルや進行中のプロジェクトからも屋上農園の相談を受けています。2009年に将来のビジョンとして発表した「銀座里山計画」が少しずつ実現に向かっています。56メートルの高さ制限を条例で決めた銀座だからこそできる「中低層の環境共生都市」。空から見ると高さの違うビルの屋上には田んぼや野菜畑、花やハーブ。そこにはミツバチが飛んで街路樹も実をつけ、その実を鳥が食べにくる。まさに、銀座四丁目の奇蹟です。読者のみなさんもぜひ見に来てください。

第二章 点の活動が線でつながり面になる

© カワチキララ

1　銀座食学塾と米つくり隊

銀座食学塾は、「農」的なものや、土から一番離れたイメージの銀座で、こだわりの農業生産者と「食」を提供するお店の人、そして皆さん（お客さん）が出会い、「食」に関連した、「農業」「健康」「食育・農育」「食の国際化」などのテーマについて意見交換するコミュニケーションの場です。この出会いから生まれる、食や農を意識した生き方や価値観を銀座から世界に発信していきたいと取り組んでいます。

このコンセプトで銀座食学塾は２００４年からスタートしました。現在は、銀座新潟塾、銀座福島塾、銀座茨城塾など、農に関わる地域文化を発信するシンポジウムに発展しています。銀座ミツバチプロジェクトもこの銀座食学塾から発展しました。

２０００年以降も、世の中の消費は上向きにはならず、人びとはどんどん安いものを求めるようになりました。食の世界も例外ではありません。

大手スーパーなど小売りでチェーン展開している店は店頭の人員削減で、肉や魚、野菜などの担当者を置かず、ポップなどの印刷物で商品を説明し、価格で勝負するようになりました。より安いものを提供することがお店の使命だと売る側は感じ、買う側もそう思うようになっていった時代です。ファストフードも値下げ合戦でした。

行きすぎた値下げ合戦が正しいかどうか、消費者のためになるのか、国全体の幸福につながるかどうかは、また、皆さんと議論したいところですが、少なくともその後に世間を騒がせた数々の食品偽装事件は、行き過ぎた価格競争の結果ではないかと思います。そんな食の世界での安売りが進む中、世間に対して「これでいいの!?」という気持ちを発信したくて、銀座食学塾を始めました。

また、文化を創造できる銀座だからこそ、「食を大切にするライススタイル」「食を通して自然や環境を意識するライフスタイル」を発信できると思いました。

農業の勉強会を

この銀座食学塾がスタートする前には、いくつかのエピソードがあります。2001年アグリクリエイト東京支社を開設し、銀座の隣の八丁堀にオフィスを開設したころのことです。そうです、いきなり銀座には事務所を借りられませんでした。それでも銀座からの発信が目的でしたから、銀座で開かれる色々な勉強会に参加しました。

また、農業関係の友人と農林水産省や地方自治体、商社などに勤める友人たちと交流会や勉強会も開いていました。そんな時に出会ったのが、一緒に銀座ミツバチプロジェクトを始めることになる紙パルプ会館取締役(当時)の田中淳夫さんでした。

そのころ、田中さんは若手の政治家や経済人を呼んでいくつもの勉強会を開いていました。その中に、若手の官僚や政治や行政改革に関心のある社会人や学生が集まる「新世代の会」という勉強会がありました。そこに参加したのが最初の出会いです。

この勉強会では、たくさんの仲間や諸先輩との出会いがありました。今も銀座ミツバチプロジェクトを応援していただいている湖山医療福祉グループの湖山泰成代表や、後に弊社の顧問をお願いする

銀座食学塾シンポジウムの様子

「未来塾」という勉強会を主催する三菱商事ＯＢの山田常之さん、当時、財務省に勤めていた坂本忠弘さんやフランス大使館に勤務する北上リグさんたちともそこで出会いました。

当時、人脈を広げるためには自分で勉強会を開くのが一番よい、という空気がありました。そこで、田中さんに相談し、会場をお借りして参加者の募集も応援いただこうと思いたちました。

しかし、はじめに田中さんに相談したのは、「農業関係の勉強会」ではなく、「東洋思想の研究会」でした。私は20代前半から安岡正篤先生の思想哲学を勉強する研究会に参加していました。そこで、若い次世代をリードする皆さんにぜひ東洋思想を身につけ、実際の行動に役立てていただきたいと思いました。

とくに管理職になると毎日、判断し決めなくてはならないことがたくさんあります。その時、なにを根拠に判断するかが大切です。私自身、そのころに勉強した安岡先生の思想哲学や考え方が大変役に立っています。

田中さんに「ぜひ、若い仲間と東洋思想の研究会をつくりたいので、応援していただけませんか」と相談をしました。律義な田中さんは、「高安さん、東洋思想といってもどんな勉強会に出ているの？

僕も一度参加してみますよ」と、湯島聖堂での勉強会に来てくれました。

後日、「東洋思想の研究会を銀座で開催するというのはどうですか」と尋ねると、「東洋思想の勉強会も良いけれど、それを高安さんが開く意味があるの？　多分、ほかの人でも東洋思想の研究会は開けるよ。それより高安さんの専門は農業でしょう。僕の周りには農業の専門家はいないから銀座で農業の勉強会をやったら面白いじゃない。農業の勉強会なら、応援してくれそうな人も紹介するし、僕も応援できると思うよ」。その一言で農業にテーマが移りました。

そうして田中さんが紹介してくれた皆さんや、私の友人たちで銀座食学塾の世話人会（コアメンバーミーティング）を立ちあげました。世話人には、ニューズウィーク日本版元編集長でありフリージャーナリストの藤田正美さんや、アースデーマネー・アソシエイションの嵯峨生馬さん、ブログやまけんの食い倒れ日記の山本謙治さん、そのころ、農林水産省で「食育」を広めていた勝野美江さん、フランス大使館の北上リグさん、未来塾の山田常之さんなど、各分野で活躍する十数名の皆さんが集まってくれました。

自分で考えることの大切さ

このコアメンバーの皆で決めたのが、冒頭の基本コンセプトと、「銀座食学塾」という名前でした。第１回目のテーマは「あなたは、今日なにを食べますか？　それは、なぜ？　グローバル時代の食の選択」でした。司会を山本謙治さんにお願いし、パネリストは勝野美江さん、北上リグさんに加え、弊社アグリクリエイトの斉藤公雄社長、そして松屋銀座食品部の吉田課長にお願いしました。

銀座茨城塾交流会。茨城の食材を取りよせて開催

嵯峨さんの発案で、街の皆さんの声を知るために「あなたは、今日なにを食べますか？」の街頭アンケートをとろうよということになり、日曜日の銀座二丁目から四丁目の歩行者天国でアンケート調査を実施しました。

そして２００４年10月19日、第１回目の銀座食学塾を開催しました。当日は、牛海綿状脳症（ＢＳＥ）や鳥インフルエンザ、食品偽装など食の安心安全から有機栽培のこと、食育のことなど幅広く議論が展開され、シンポジウムの後はオーガニックのおにぎりや野菜を中心に、安心安全でおいしい食材を出す交流会を開催し、できるだけ生産者にも来ていただくようにしました。

第２回目は「おコメは好きですか？　お米のこと知ってますか？」をテーマに藤田正美さんにファシリテーターをお願いして開催しました。その時の交流会では、４種類の米の食べ比べ（ブラインドテスト）や「酢飯屋」の岡田大介さんに来てもらい、紙パルプ会館の交流会会場で寿司を握ってもらうなど、楽しい時間を過ごしました。

第３回目は「食べることは、生きることです」をテーマに食と医療について議論しました。第４回目は「食を育てる、食が育てる」をテーマに食育・農育を議論し、第５回目は「日本の食を支える世界の食材」をテーマに、食の国際化や食料自給率について議論しました。

もちろん食料自給率は高いほうが良いに決まっています。でも、私たちはフランス産のワインやチーズも大好きだし、パスタはやはりイタリアのデュラム小麦でしょう。というように世界中のおいしい食材を楽しんでいるのも事実だし、それが豊かさの実感にもなっています。そして第6回目は「食が育てるコミュニティ」をテーマに選びました。

1年目の銀座食学塾は、2か月に1回のペースで6回開催しました。開催してわかったことは、「食や農業が大切だ」と考えている人が集まる勉強会に終わるのではなく、たくさんの意見が出て、時には激しい議論の応酬もありました。そして無理に結論を求めるのではなく、自由な意見交換の場としました。

例えば、有機農業についてです。誰もが化学合成農薬に頼らない農業が理想だと思っていますが、日本のような高温多湿のアジアモンスーン型気候だと、EUやアメリカに比べて、草も早く伸び病気にもかかりやすい。さらに、かつて海だった場所が隆起してカルシウム大地を形成する地域と、日本のような火山灰が積もってできた土地では含まれるミネラル成分がまったく違います。そのため、除草の手間や病害虫対策の手間が数倍かかるわけです。

そこで、無農薬・有機栽培は理想でも、最低限の農薬の使用は認めるべきだという考え方もありました。また、有機栽培を広めるためには、少人数でもその哲学を理解し実践する人を増やすべきだ。妥協は許されないという意見と、はじめは多少無理なところは農薬使用を認めても、地域全体で農薬を減らし、トータルで地域全体の環境が良くなるほうが良いとの意見にわかれました。

さらには、農薬メーカーは、利益を優先するばかりで自然を破壊する悪い企業だと思っている方が本当にいます。でも、農薬メーカーにも協力を求め、環境や生きもの、すべての生態系に配慮した農法と農薬の研究を一緒に進めたらどうだろうという考えも出ました。

第5回目の食料自給率については、工業製品を輸出するために、農産物を輸入しなければならないという考えは問題外ですが、個人の自由な選択を尊重し、豊かな食生活を楽しむために海外の農産物や加工食品を求めるのは良いことだという意見と、あくまでも自給にこだわるべきだという意見がありました。

銀座食学塾では、「議論の中で結論を導きだすのではなく、色々な角度から見た意見が存在することを認め事実を知り、自ら考えることが大切だ」というスタンスで毎回進めました。これはジャーナリストとして人生を歩んできた藤田正美さんの影響によるものです。

身体と大地は一体である

第7回目からは開催形式をパネルディスカッションから講演や対談方式に変えたり、また、パネルディスカッションに戻したり、テーマにも幅を持たせながら、2009年の第22回までつづきました。中でも印象に残るのは、2006年8月1日開催の第12回「天皇家の食卓に見る日本の『食』」の理想像」をテーマに矢部金次郎先生をお呼びした時です。

矢部氏は17歳で天皇の料理番として有名な秋山徳蔵氏の面接を受け、宮内庁管理部大膳課付厨房第一係に奉職しました。以後、和食担当として昭和天皇・香淳皇后の日常の食事はもちろん、さまざまな儀式、行事を手がけ、昭和64年、昭和天皇の崩御を機に退官しました。天皇家の日常の食事はシンプルで、ご飯もコメは標準米でコメ8割に麦2割を混ぜたものを召しあがったそうです。明治8年、当時の千葉県三里塚に御料牧場ができ、そこで豚や鶏を含む食材を調達していたそうです。

天皇家の食卓はスローフードの先駆けで、人間の体と環境は密接な関係で、身体と大地は一体である。暮らす土地でとれる食材を食べていると、その環境に調和して、健康な生活が送れるという身土不二の考え方。また、生きているもののエネルギーを丸ごといただく。野菜でも魚でも頭から尻尾まで全部食べる、一物全体という考え方で、限られた食材を、色や形、味付けを工夫し、毎日の食事を飽きないように召しあがっていたそうです。旬の食材を選んだ、つつましやかで伝統的な日本の家庭料理こそが健康の源であるというお話が心に残りました。

天皇家の食卓を手がけた矢部金次郎氏

また、2008年7月15日、第19回「米消費の新潮流　お米をワインのように楽しむには」を開催できたことは、私にとって一里塚ともなる経験でした。それは1996年ごろ、現在勤める農業生産法人㈲アグリクリエイトの斉藤公雄社長と米農家の平井正夫さんとワインの会で知り合い、現在の方向に人生の舵を切るきっかけになったからです。

その時、農作業焼けか、ワイン焼けかわからない赤ら顔の平井さんが、「俺の米づくりは、ワインづくりと同じ。良い田んぼでうまい米ができるのはあたりまえ。そうでない田んぼでうまい米をつくるのが、百姓の技術」と話し、平井さんはビンテージまでは無理ですが、ワインと同じように生産した田んぼと、米の品種を明記し販売していました。平井さんのファンは、同じ作り手のものでも、田んぼの場所や品種による味の違いを楽しんで購入しているそうです。

おふたりとの出会いから3年後に、今の会社に転職し農業の世界に飛びこみました。西島豊造さんとの出会いは、その時の感動を思いだすだけでなく、新しい食文化の創造までも予感できました。五ツ星のお米マイスター西島さんの米店「スズノブ」では、100種類以上のお米が所狭しと並んでいます。西島さんは「コシヒカリは、ごはんと漬物で食べておいしいお米。でも、みなさんはおかずも食べるでしょ。お米には、魚料理に合うお米、肉料理に合うお米、料理を邪魔しないお米があるんです」とワインのようにお米を楽しむことを教えてくれました。

「お米とは〇〇だ」と決めつけることなくその多様性を楽しむ。この柔軟な考え方こそ懐の深い日本の伝統的食文化を再認識し、海外の地域の食文化を知ることにもつながるのではないかと思いました。

そして、その多様性を楽しむ柔軟な発想こそ世界平和の源泉であると感じます。銀座食学塾で多くの講師の皆さんから学んだことは、現在の私の考え方や活動に多大な影響を与えています。

銀座食学塾は、その後、銀座ミツバチプロジェクトで展開するファーム・エイド銀座の連携地域との「銀座×新潟塾」や「銀座×福島塾」「銀座×茨城塾」に姿を変えて、今でもつづいています。地域の食や伝統文化を紹介するだけでなく、地域活性化を一緒に考えたり、ミツバチやそのほかの生きものを通して人と自然との共生した地域づくり、街づくりを考えてきました。

「米つくり隊」発足

さて、初年度、銀座食学塾を開催して気がついたことは、生産者やさまざまな食の現場の皆さんをパネリストに呼んでシンポジウムを開き、こだわり食材の交流会で食べて感じてもらうことは素晴らしい試みであるけれども、それだけでは十分ではない。やはり自分でつくることを経験しなくては本当の「食」のことはわからないのではないかということです。そうしたことからスタートしたのが、銀座食学塾「米つくり隊」です。

まずコアメンバーの皆さんに呼びかけると、藤田さんや北上さん、田中さんたちが家族で参加することになりました。山田さんは未来塾のメンバーに声をかけてくださって、多くの皆さんに参加していただきました。「米つくり隊」の名前は、藤田さんが考えてくれました。「お米、つくりたい人、集まれ!」の意味も込められています。

こうして、コアメンバーを中心に過去の銀座食学塾参加者やその友人たちに声掛けして「第1期　銀座食学塾　米つくり隊」が2005年5月の田植えからスタートしました。もちろん、田植えは手植えです。6月と7月に1回ずつ草取りを実施し、9月に収穫するのです。

田植えをする「米つくり隊」

田んぼにいたザリガニ

田んぼの土は温かい

2005年のゴールデンウィーク最後の日曜日、朝9時半に茨城県稲敷市のアグリクリエイト本社に集合しました。初めてのことですから、道に迷った方からのお問い合わせも何件かありました。また、田植え後のバーベキューの準備でアグリクリエイトの若いスタッフは大忙しです。徐々に参加者の皆さんが集まり、思い思いの作業服に着替えました。そして、いよいよ田んぼへ移動です。

まずは、ツメが出ている大きな熊手のような道具を使い、25センチメートル間隔で苗を植える目印の線を引きます。

その後、植え方の説明です。「苗は、無理に引っ張らず、やさしく持ってください。そして、およそ2本から3本を束から分けて植えてください。植える間隔はおよそ25センチメートルです。手のひらより少し広く、足のサイズより少し短いです。植えた時はこんなに小さくて間隔も開いていて大丈夫かと思いますが、苗は分結してたくさん増えます。間隔を空けないと後で大きくなれません」と説明すると、「さあ、始めましょう!」の合図で田んぼの端から、順番に植えていきます。

若いころに経験があるのでしょうか。まず先輩方が積極的に田んぼに入っていきます。家族での参加者は、お母さんと子どもたちが見守る中お父さんが見本を見せます。男女の若いグループでの参加者はワイワイにぎやかに始めました。もちろん、全員裸足。「冷たいと思ったら、田んぼの土って温かいのね」こんな会話がきこえました。田んぼの土はじつは温かいのです。

今回の米つくり隊で借りた田んぼは、無農薬で栽培していた田んぼなので、微生物が豊富で、冬の間も活動していて、春になってさらに動きだしたところです。子どもたちはオタマジャクシを見つけては喜び、ひとり、またひとりと尻もちをつき、泥だらけになっても大喜びです。心配なのはお母さん方で、早くも全身泥だらけで、パンツから全部着替えです。

第1期の「米つくり隊」には総勢40人が集まり田植えはにぎやかでした。かつて、村の行事で行われた田植えもこんな感じだったのかと想像しながら植えていました。

田んぼの草取りに参加した子どもたち

片道約30メートルの田んぼを女性は1往復半、男性は2往復するとほぼ作業は終了です。「米つくり隊」が楽しく農業体験できる程度の作業量を想定し、募集人数と田んぼの広さを決めました。その後はバーベキューを楽しむ趣向です。手足を洗って、着替えを済ませバーベキュー会場に集合です。こうして、第1回目の田植えは、5月の土と緑の香り、泥の感触、都会では味わえない自然を味わいながら、さわやかな汗をかいて終わりました。

しかし、6月の草取りは欠席が相次ぎ、田植えの時の半分くらいのメンバーでした。お天気が悪かったのもその一因ですが、草取りは楽しくないと思われたのかもしれません。次回はなにかイベントを仕掛けて盛りあげようと思いました。集まった人には「おいしいお米をつくるため、がんばりましょう」と声をかけて始めました。

草取りといっても、ただ草を抜いて捨てるわけではなく、抜いた草は田んぼの土に埋めていきます。抜かれて土に埋められた草は光合成ができず、やがて地中の微生物に分解されて土に帰ります。はじめは手を伸ばして4条くらい担当して進んで行く人も片道が終わると、3条になりました。おしゃべりしていた皆さんもだんだん無口になり、最後は、若い男性陣とスタッフにがんばってもらい、なんとか草との格闘は終了です。

遅いお昼を想定し、おなかが減った皆さんがすぐ食べられるようにこの日はカレーライスを用意しました。カレーライスをほお張って、焼いた肉を食べて、互いの健闘をたたえました。田んぼで出会った世代を超えた皆さんが、だんだん打ちとけ、連帯感が出てきました。また、男女の出会いもありました。

かつて田植えは、早乙女が苗を植え、それを見ている男性陣が意中の人を決め、祭りの夜に結ばれる。そんな男女の関係が日常にあったようですが、今でも田んぼは出会いの場なのです。

ライバルは東京ディズニーランド

いよいよ収穫の秋、お楽しみの稲刈りです。作業服に着替えて田んぼに集合。まず、参加者の皆さんに鎌の持ち方から説明します。稲刈りが初めての方も大勢いますから「鎌は良く切れるように研い

2010年の田んぼ生きもの調査（左）と、田んぼで見つかったヤゴ（トンボの幼虫）

でありますので注意してください。とくにお子さんには、必ず親がついていてください。軽く手首のスナップをきかせると切れますから、左手で持てる量の稲を持ち、根元に鎌をあて、サクッと切ってください」と実際にやって見せながらの説明です。

米つくり隊ではすべてを鎌で刈るわけではなく、コンバインも使います。希望者はコンバインの体験もできますので、めったにできない体験にお父さんたちも大喜びでした。

収穫の日は、秋晴れで稲穂の匂いもなんともいえない良い香りがしました。お父さんたちだけでなく、元気な女性もコンバイン体験です。その後は、子どもたちが運転席に乗って「ハイ、チーズ」と思い思いの写真を撮っていました。コンバインを使う収穫作業は楽でしたからみんな余裕です。

お昼はお楽しみのバーベキューです。もう、すっかり参加者同士も仲良くなり、子どもたちはみんなで大騒ぎです。そのころはよく「ライバルは、東京ディズニーランドだ」とスタッフに言っていました。それぐらい想い出に残る農業体験にしよう、来年も家族で来たくなるようなイベントを開こうと思っていました。子どもたちに「ディズニーランドより楽しだろう？」ときくと、きょとんとしていましたが、私はとても満足でした。

次の年から草取りの時は、ザリガニ捕り大会や畑での収穫体験も取りいれ、4回通して参加して、自然や農業を楽しんでもらえるよう工夫を重ねました。田んぼの生きもの調査を取りいれたのもそんな理由からです。

まずは、田んぼでの生きもの調査を勉強するために、私は佐渡の生きもの調査ツアーに参加しました。また、調査の指導員林鷹央さんに茨城の田んぼに来てもらい、スタッフみんなで生きもの調査の研修を受けました。しっかり準備して当日を迎えると、子どもたちの反応も違うように思えました。虫に詳しい子どもは、ヤゴや水カマキリなど次々に見つけていきました。小さい子どもはお兄さんやお姉さんのまねをして、網を持って田んぼに入るだけで大喜びです。何種類ものクモがいて、田んぼにはたくさんの生きものがいることに気づきました。

その後、米つくり隊は2010年まで6年間つづきましたが、2011年のシーズンは原発事故の影響もあり、苦渋の決断でしたが中止しました。子どもたちが田んぼに入り大騒ぎするこのイベントを安心してまた開けることを願っています。

2 銀座にミツバチがやって来た

自分でつくることの素晴らしさを体験し、多くの方から良い感想をもらうとぐぐっとやる気も出るもので、新たな考えが浮かびました。農業体験をしたくても、貴重な休みに一日かけて茨城まで行く人はやはり限られています。それなら「生産の現場を銀座に持ってくればいい」。

早速、田中さんに「銀座食学塾に屋上も貸していただけませんか」とお願いすると、「屋上でなにするの」ときかれ、「野菜や果物をつくって、みんなに農業体験をしてもらうんです」と言うと、意外な答えが返ってきました。

「仲間で収穫祭して、食べて終わりじゃつまらないでしょ。銀座にはレストランや老舗のお菓子屋さんなど色々ある。街の皆さんに収穫したものを使ってもらって街が元気になるようなことができるなら、貸してあげるよ。家賃なしでね」

銀座で地産地消か、それは面白い！　なにか良いアイディアはないかとそれから毎日考えていました。

出会いは意外なところから

「ロハスな仲間が集まる会が渋谷であるから行かないか」と友人から誘われましたが、渋谷は遠いなと渋っていると、違う友人から「今度、渋谷で」とお声がかかり、結局３人の別な友人から誘われました。そんなに良い会ならと道玄坂を登って渋谷駅から少し遠いその会場に着くと、声をかけてくれた友人だけでなく、何人かの知り合いも参加していました。

鹿児島で放牧豚を生産している方の話や、まだ珍しい国産の生ハム生産者のお話をきき、おいしい生ハムをほお張っていると、懐かしい女性に出会いました。

「お久しぶりですね、何年ぶりかしら」「今、なにしているの」と会話が弾み、彼女がハチミツを通して地域と都会を結びつけ、地域活性化の支援をしていることを知りました。「高安さんの銀座食学塾となにかしたいわね！　今度、食事でもご一緒して相談していいかしら」「もちろん！」と言って別れましたが、普通はこうしたパーティーで、「また会いましょうね」と言っても連絡はないことが多いのです。ところが、意外にも、彼女、浦島裕子さんから日をおかずに電話がありました。

「いつ空いてますか。私が銀座に行きますよ」。これは断るわけにはいかず、ランチの約束をしましたが、「待てよ、彼女とふたりで食事しているところを誰かに見られるとまずいかな」と思いました。別にまずいことなんてありませんが、浦島さんは、すらっと背が高いチャーミングな女性ですから……。「そうだ！　田中さんを誘おう！」と思いつきました。

早速、田中さんに「ハチミツで都市農村交流している女性が、銀座食学塾の話をききたいらしいよ。昼はご馳走するから一緒に来きませんか」と誘うと、「都市農村交流のことはわからないけど、どうせ昼飯食うんだから、いいよ」。これでひと安心です。

そのころの田中さんは特別に地域との交流や農業に関心があったわけではないので、黙々と食べて話をきいているだけでした。浦島さんが「都会の屋上でミツバチを飼うことに成功した養蜂家がいてね、今のところが狭いからミツバチに屋上を貸してくれるビルを探しているの。先日、丸の内の大手の不動産会社に相談したら、やっぱりミツバチはダメだって言われて」と言いました。

「丸の内」に反応した田中さんが「僕のビルの屋上で良ければ貸してあげてもいいよ。今度、その養蜂家を連れて来てよ」と提案しました。事前にミツバチのことなどなにもきいていないのに、これは面白い展開になったなと、今度は人ごとのようにきいていました。

その後、田中さんと何度か相談するうちに、養蜂家に屋上を貸して場所代としてハチミツを分けてもらい、そのハチミツで老舗のレストランや菓子屋、ホテルにスイーツをつくってもらおう。バーには、ハチミツカクテルが良いかもと、バーにハチミツカクテルというのがあるかききに行こう。呑み助の私たちは、ハチミツがとれないうちからバーで作戦会議を開いていました。ハチミツカクテルの可能性を感じ、やる気が湧いていたのも事実です。

いつの間にか忘年会シーズンに突入です。勉強会や異業種交流会の仲間との忘年会がつづいていたので、「今度、ビルの屋上でミツバチ飼おうと思うんだけど、どう思う」と皆さんにきくと、「面白そうだね、仲間に入れてよ」とか、メディア関係の友人たちは「ミツバチ飼いはじめたら教えてね。取材に行くから」と、お酒の勢いもあってか大賛成です。

いよいよその養蜂家の下見の日が来ました。屋上に上がると養蜂家は「ここは、何メートルぐらいですか？　ミツバチは50メートルぐらいの高さまでなら私の技術で飼うことができます。田中さん、高安さん、途中でやめないように、しっかり勉強してミツバチ飼ってください。くれぐれも途中で飽きて、公園に捨てたりなんてしたらダメですよ」と言いました。この養蜂家こそ前でも少し触れた私たちの師匠、藤原誠太さんです。

後できくと、どうやら養蜂家が屋上養蜂する場合、20群ぐらいは巣箱を置けないと採算があわないらしいのですが、紹介してくれた浦島さんの手前もあるので、断るわけにもいかない。そこで、「自分たちで飼ってください」と言えばあきらめるだろうと思ったそうです。今思うとこの出会いはミツバチの神様が準備したのではないかと思います。しかもその後の展開からも疑う余地がない気がしました。

　僕らは、屋上を貸すだけで、ミツバチを飼うのはあなたでしょうと思いながらも、藤原さんが熱心にミツバチのことを話すので、こちらも真剣にききました。私たちが銀座の街のことや、有機農業を都会から広めたいと話すと、今度は、農薬を使わない農業に関心を持っていた藤原さんが歩みよって来られる感じでした。

　次に藤原さんが現れた時、その手にはハチミツがありました。銀座でも指折りのバー絵里香の扉を押しました。バーテンダーの中村健二さんが、ハチミツはお酒に溶けにくいので難しい素材ではあるが、昔からハチミツを使ったカクテルがあると教えてくれました。

　そこで良いライムが入ったからと、ハチミツ入りのカイピリーニャを出してもらい、その夜は、３杯ずつ飲んで帰ると思ったら、さらにもう一杯飲んだ気がします。おかげで、すっかり藤原さんとも親密になりました。

決断の時

　年が明けると、忘年会の時ミツバチの話をした仲間たちやメディア関係の方から、ミツバチはいつ銀座に来るのかという連絡が入るようになりました。はじめは、自分たちでミツバチを飼うのは無理だと思っていたのに、永田町や世田谷の東京農業大学の屋上養蜂の現場を見学したり、藤原さんの話をきくうちにできそうな気がしてきたのです。

　銀座は異質な世界だと思っていた藤原さんも、有機農業を銀座から発信しようとしている私たちが、屋上でミツバチを飼えば、世の中の人が農業とミツバチの関係を知り、もっとミツバチに関心を持つのではないか。よし、銀座でミツバチを飼わせよう、そう思ったに違いありません。最後には「私の弟子を、毎週派遣しましょう。私も、5月末までは東京にいるし、ともかく応援するから」と言ってきました。

それでも、どこか煮えきらない私たちに「銀座の屋上は良いハチミツがとれると思います。万が一、3群飼って50キログラム以上とれない時は、私のハチミツをあげるからやりましょうよ」と、そこまで言われると、ふたりで顔を見合せながら、「やっちゃおうか!」と話は決まり、後の展開は早かったように思います。

2006年3月28日（ミツバチの日）に沖縄から3群のセイヨウミツバチが銀座にやって来ました。当日は朝から新聞やテレビの取材が入り、翌日の夕刊には毎日新聞の1面に写真入りで掲載されました。

次の朝早くのヤフーのニュースでは、「銀座でミツバチ!?」の話題で盛りあがっていました。多くのメディアの皆さんが、銀座でミツバチを飼ったことを良い驚きとして感じてくれたようです。

2006年ミツバチの日に、沖縄から銀座へミツバチがやって来た

銀座ハチミツのカクテル

銀座のハチミツカクテル誕生

初年度は、4月から6月中旬までの2か月間に約150キログラムのハチミツを収穫することができました。おいしいハチミツが収穫できたら、次は銀座の老舗でハチミツを使ってくれるところを探さなくてはなりません。じつはこれが、なかなかの難問でした。

言われたのは「皆さんが趣味でミツバチを飼って、ハチミツがとれたからといって、銀座の老舗がハイそうですか、とそのハチミツを使えるわけではない。みんな暖簾をかけて商売しているのだから」ということでした。それでも、田中さんと一緒に三笠会館の谷善樹社長に会いに行きました。谷社長は銀座の街研究会でも講師にお招きしたこともあり、田中さんのことは良く知っていましたから、「来てもらっても困る」とは言えなかったのだと思います。

「ハチミツは、カクテルの素材としても良いようですがいかがでしょう」と話を切りだすと、「ウチのバーテンダーたちはわがままだから、俺の話なんかきかないよ」と言われてしまいました。

収穫したばかりのハチミツを持参していましたから、「社長、そう言わずに一口味見して下さい」と、ハチミツの蓋をあけて、スプーンを差しだすと、一口なめて「うっ、うまいね!」。谷社長の顔色が変わりました。「カクテルに使えませんか」と再度お願いすると「使えるか、使えないかは、わからないが、バーにまわしておくよ。でも期待しないでくれよ」という返事でした。

その日はそのまま帰りましたが、待ち遠しくてたまらない私たちは数日後、意を決して三笠会館のBAR5517に行ってみることにしました。もちろん銀座産のハチミツ持参です。カウンターに座り、ハチミツを出しながら「これでハチミツカクテルつくっていただけませんか」とお願いすると、「ハチミツならあるよ。社長からもらって、今試作中」。思わず、ふたりで顔を見合わせました。

早速、その試作中のハチミツカクテルを注文しました。バーテンダーの話では、はじめは、ハチミツなんてダメだと思ったそうです。以前、試した時は、水やアルコールに溶けず、氷についてしまってシェイカーで混ざらなかったそうです。ところが、不思議なことにこのハチミツは溶ける。また、香りがよいので、個性を出した仕上がりになると、その評価がことのほかよいのには驚きました。

そうこうするうちにカクテルができ、香りをゆっくり嗅いだ後ゴクリと飲みほしました。ソメイヨシノのハチミツの香りが鼻にぬけ、スッキリした、それでいて飲みごたえがある、なんともいえない味わいでした。これならヒットする！ そんな予感を感じながらご機嫌なふたりは、さらにハチミツカクテルのおかわりをした後、もう一軒、次の店を目指しました。

銀座ミツバチプロジェクト発足当時の様子

銀座で地産地消

初年度、銀座ミツバチプロジェクトは毎週日曜日の朝9時から採蜜活動をしました。参加する仲間も徐々に増えて来ると同時に、メディアの皆さんの取材も毎回増えてきました。そんな時、きかれるのは「このハチミツを使った商品はどこに行けば買えるの」です。そこで「三笠会館のバー5517に行くとカクテルが飲めますよ」と案内すると、取材したいので紹介してください、ということになり、メディアの皆さんには、屋上のミツバチの映像を撮った後、三笠会館の地下へ行っていただくのです。ほかにはアンリ・シャルパンティエでハチミツマドレーヌ、松屋銀座では、清月堂、萬年堂、オテル・ドゥ・ミクニ、メゾンカイザーの4店でハチミツスイーツが販売されました。

松屋銀座の広報の皆さんの協力も得て、さらに多くのメディアが取材に訪れ、いつの間にか「銀座は環境にやさしい街」、銀座ミツバチプロジェクトは「都市と自然との共生」を発信する環境団体になっていました。

オペラtheＨ銀座　銀ぱち物語

「来年は、いつミツバチが来るの？　待ち遠しいです」そんな声におされて、2年目の活動をスタートしました。1年目の活動をふり返ると、ミツバチを飼ったことで自然の大切さ、ミツバチの受粉により、花が咲き、実をつけ、その実を鳥が食べに来る、いのちのつながり。そのストーリーに多くの皆さんが共感して、仲間が増えました。

そんなひとりに音楽プロデューサーの榊原徹さんがいました。榊原さんが、「この活動を音楽劇、そうオペレッタにして、皆さんにきいてもらおう」と提案をしてきました。私も田中さんも音楽についてはよくわかりませんが、銀座でミツバチを飼うぐらいのフットワークの軽さですから、榊原さんの話をきくうちに、だんだん心が傾いてきました。

「しかし費用が。仮にチケットが全部売れてもいくらぐらい持ちだしになるのだろう」。こんな不安が何度もよぎり、収支のシュミレーションを重ねました。最終的に、ミツバチにがんばってもらってしっかりハチミツを収穫し、そのハチミツを街の老舗の皆さんに使ってもらって、不足分に充てようじゃないか。それでも足らない時は、ふたりの車を売ろうか!?

最後は、そんな調子で開催を決断しました。

演出の西田豊子先生にはミツバチのことも色々勉強してもらい、私たちの話もじっくりきいてもらった上でストーリーや歌詞をつくっていただきました。それに佐藤容子さんが曲をつけ、オリジナルオペレッタが完成しました。

2007年6月4日から3日間、銀座王子ホールでの公演が決まりました。テノールの布施雅也さん、ソプラノの赤星啓子さん、バリトンの宇野徹哉さん、そこにフルート、琴、チェロの伴奏が入ります。

オペラ the 銀座　銀ぱち物語

ストーリーも、歌う江戸の瓦版屋がタイムスリップし、200年後の銀座でミツバチの世話人に出会い、女王蜂や働き蜂、都市と自然、いのちのつながりなどを得意の歌とおしゃべりでレポートします。農薬を浴びて巣に帰れなくなったミツバチの悲しい話をソプラノの赤星さんが歌う場面では、思わず涙が出そうでした。

ミツバチのことを調べて、本質を伝えた西田先生の創造力に感謝です。3日間の公演は大成功でした。皆さんから寄付もいただき、ミツバチたちもがんばったおかげで私たちは車を売らずに済みました。

この年、オペレッタ開催をきっかけに組織を任意団体からNPOに変えました。じつはこのオペレッタ開催には総額約600万円かかりました。地元中央区や農林水産省や環境省からも後援をいただき開催したこともあって、NPOに組織変更しました。このあたりから「大人の遊び（趣味）ではじめた銀座ミツバチプロジェクト」が遊びの領域を超えてきました。また、この開催は、銀座発信の「文化の地産地消」の誕生でもありました。

日本在来種ミツバチとの出会い

2年目の活動で注目すべきは、在来種のニホンミツバチとの出会いです。ことの初めは中央区役所からの電話でした。「銀座のハチが逃げだした」こんな連絡がありました。

私たちのハチは女王蜂の羽も片方切ってあるし、毎週王台（女王蜂のさなぎ）も見ています。だから「まさか！」と思いました。「ひょっとして、分封《ぶんぽう》したニホンミツバチか」。そこで行ってみると、やはりニホンミツバチでした。

区の担当者が「捕獲して飼いますか。そうでなければもうすぐ連休で、人が刺されたら危ないから業者に連絡して駆除しますがどうしますか」と言うので、駆除されてはかわいそうと結局、屋上で飼うことになりました。その年は分封が多く、ニホンミツバチの巣箱がどんどん増えていきました。

分封して、次のすみかを探しているハチはじつはおとなしいのです。ブンブン飛びまわっていてもやがて女王蜂を中心に蜂球をつくり落ちつきます。落ちついた所を一気に捕獲。女王蜂を捕獲し、箱に入れることができれば、働き蜂も箱に入っていきます。そして、蜂球のあった場所にハチの嫌いな臭いをつけ、もといた場所にもどらないようにします。

分封し蜂球をつくっているニホンミツバチ

また、巣箱にはハチミツか砂糖水を塗った巣枠と、幼虫のいる育児中の枠を入れます。そうすると捕獲した蜂たちは、幼虫の出すサインを感じとり、育児行動に出ます。

捕獲しても、すぐ逃げだしてしまうニホンミツバチを箱で飼う技術はほかにもありますが、藤原式のニホンミツバチの飼い方を実際に試す良い機会となりました。この経験がもとになり、次の年から日本在来種みつばち養蜂講座がスタートしました。そして、2年目からセイヨウミツバチ、ニホンミツバチともに銀座の屋上で冬を越すようになりました。

この活動でもうひとつ注目すべきは、屋上農園です。松屋銀座の屋上で野菜畑が、白鶴酒造の屋上では米づくりが始まりました。紙パルプ会館でも花畑ができて、こちらについてはもう少し後の銀座ビーガーデンの中で詳しく触れますが、２００７年は新しい動きがたくさんあった年でした。

３　森・里・街、そして海をつなぐサスティナブルネットワーク

３年目の活動に入り、ミツバチにも関連した銀座ミツバチプロジェクトらしい活動はないかと、みんなで相談しました。２００７年のオペレッタは意義のある活動でしたが、さすがに毎年開催するのは難しい。長く継続してできる活動はないかと探していた時、久しぶりに再会したのが電通に出向中の農林水産省の若手官僚、長野麻子さんでした。

長野さんの「東京にもパリの朝市を連想させるようなマルシェをつくりたい」。そんな発想からスタートしたのがファーム・エイド銀座です。

時を同じくして地域活性化のコンサルタントをしている大越貴之さんが銀座食学塾への参加をきっかけに、「なにか一緒にやりましょう」と仲間に加わりました。そして、私と田中さん大越さんに加え、長野さん、菊地さん、長野さんの友人・早田さんが参加して、銀座でマルシェを開く相談が始まりました。

そこでぶつかった最初の壁が、「銀座らしさ」と銀座ミツバチプロジェクトだからできるオリジナリティーをどう表現するかでした。すでに、各地で始まって直売所のような感じをまねた青空市では

なく、なにかオリジナリティーが出せないか。みんなで真剣に悩んだ結果が2012年で5年目を迎える活動にまで発展したのだと思います。

ファーム・エイド銀座

私たちは、農薬に弱いミツバチを都会で飼って「都市×環境」を身近なものとして発信した結果、多くの仲間を集め、たくさんの賛同者を得たのだから、今度は地域で環境保全型農業でがんばる生産者を応援しよう。そこから「ファーム・エイド銀座」というイベント名も生まれました。

すでにアメリカではミュージシャンが地域の生産者を応援するためにコンサートを開き、そのイベント会場で農産物を販売する。そうした活動がファーム・エイドとして紹介されていました。また、地元産の食品を選ぶだけでなく、地元の農家を支えるためのCSA（コミュニティ・サポーテッド・アグリカルチャー）という仕組みに関心のあった私は、銀座でもやろうと皆さんに提案し「ファーム・エイド銀座」というイベント名が決まりました。

「森・里・街、そして海をつなぐサスティナブルネットワーク」というサブタイトルは、日本熊森協会とメダカのがっこうとのコラボから生まれました。その当時、私たちが銀座でミツバチを飼い、ミツバチをシンボルにして自然や環境へのメッセージを発信していると、生きものをシンボルに環境活動をしている皆さんからお声を掛けていただきました。

そうした中で日本熊森協会の森山まり子会長やメダカのがっこうの中村陽子理事長と出会い、お互いの目指す方向が大変近いこと、活動のフィールドが森であり、里山であり、街であり、それが川の上流から下流へとつながっているように、私たちにその連携が今後世の中を変える活動に発展するような予感を与えてくれました。

やがてはじめのコアメンバーに、共催団体の皆さんと何名かの友人たちが加わり、ファーム・エイド銀座実行委員会ができました。そこでは銀座ミツバチプロジェクトのオリジナリティーをいかに発揮するかがテーマでした。そして出たアイディアが「ただものを売るイベントではなく、生産現場を都会の皆さんに知ってもらおう」「環境の問題や地域のことを考えるシンポジウムを開催しよう」。そこから生まれたのがファーム・エイドフォーラムです。

農業環境政策をテーマにしたり、森林保全、海の活動など、さまざまな自然、環境、農業、地域活性化をテーマにファーム・エイドの目玉として毎回開催しています。

そのころビッグサイト（東京国際展示場）や幕張メッセでよく食に関するフェアが開催されているけれど、実際出展してもどうも首都圏の飲食業となかなかつながらない。そんな話をよく耳にしました。それなら飲食の中心地銀座で地域の優れた農産物を紹介するミニコンベンションができないか。そんな発想で生まれたのがファーム・エイド銀座メッセです。

ここでファーム・エイド銀座の3大構成ができました。フォーラム、プチ・マルシェ、メッセです。そこに銀座ミツバチプロジェクトの活動紹介の場として、屋上ミツバチ見学会が加わりました。

待ちに待った第1回目の開催は2008年5月3日でした。「人と自然との共生」について、銀座から世界にメッセージを発信！

当日は岡山県新庄村から、名物4人づきの餅つき隊がやってきて餅つきを披露しました。また、日本熊森協会の森山会長の講演や、森山会長とメダカのがっこうの中村理事長、そしてミツバチの世話人の田中さんの3人でのトークショウ。現代アート展や「蜜蝋クラフト」「蜜蝋ハンドクリーム」づくりのワークショップなどイベントが盛りだくさんでした。外のテントでも全国各地から集まった特産品が売られました。

2008年は、今後この活動が継続することへの願いを込めて、7月から11月まで合計6回開催しました。そして、折角ならテーマを決めて開催しようと、7月は米をテーマに、「やるじゃん！ お米」と題して、米の食べ比べや米粉の麺やパンの出店をし、モッフルというちょっと変わったお餅のワッフルもありました。

岡山県新庄村名物４人づきの餅つき隊

また、お米のソムリエの㈱スズノブの西島豊造さん、ワイン醸造家の勝沼醸造㈱平山繁之さん、野菜ソムリエ㈱NOPPOの脇坂真吏さんという違う分野の３人を呼んでシンポジウムなどもやりました。

その後、8月は「Viva！ 夏野菜」、9月は「ジャズとオーガニック」、10月は「江戸前野菜」、11月は「都市、里山、奥山を結んで」とつづきました。11月はその年最後のファーム・エイド銀座ということで、銀座ミツバチプロジェクトの活動全体をみんなで考えるG8セッション「銀座を里山に！」を開催しました。

屋上養蜂からスタートした都市での自然との共生や、都市と地域のつながり、そして銀座の街づくりについて、８人のパネリストと参加者で熱く語り、目指すは「銀座を里山に！」という新しい活動方針が生まれました。

新潟、佐渡、村上の３市と連携

初年度、６回の開催をふり返り感じたことは、「私たちが地域でがんばる個人や団体を応援するには限界がある」ということでした。そこで地域の自治体との連携を視野に入れ出展者を調整し、まず地域を応援し、中でも環境保全型農業を実践している個人や団体に注目することにしました。

２００９年のファーム・エイド銀座の１回目は、テーマを「森、里、街、そして海をつなぐ」にしました。佐渡から鬼太鼓《おんでこ》を呼んで銀座でかど付けを披露しました。２階のメッセ会場はトキサロンにして、トキの写真展やトキについてのミニレクチャーを開催。新潟の地酒の試飲コーナーも設け、多くの方に新潟の魅力を知っていただくことができました。

松屋銀座屋上で鬼太鼓のかど付け披露

新潟との交流について少しお話をしますと、きっかけは新潟観光コンベンション協会の横山裕さんとの出会いでした。当時、横山さんは「新潟・食と花の交流プログラム創造委員会」の代表団体の担当者として、銀座と新潟県の３市（新潟、佐渡、村上）との交流プログラムを検討していました。相談に来た横山さんに、「会場は用意するので新潟のおいしい魚と酒を取りよせていただいて、お互いの仲間を集めて作戦会議をしましょう」と、こんなことからスタートしました。

それが1月ごろで、3月には、田中さんと新潟の万代橋脇の会場でのトークショーとトキメッセでの講演会に呼んでいただきました。4月には、佐渡観光協会加藤透事務局長の案内でファーム・エイド銀座にやって来る鬼太鼓を見るために佐渡に行きました。

その時、JA婦人部の甲斐逸枝さんのお宅でご馳走になった米粉パンがおいしかったことから、後に、佐渡米粉のハチミツロールケーキも生まれたのです。こうしてファーム・エイド銀座に出展してくれる地域に足を運ぶようになり、屋上農園での黒崎茶豆の苗植えへと繋がっていくのです。さらに新潟との交流は「トキ×ミツバチ応援プロジェクト」として発展していきました。

環境農業フォーラム開催

ファーム・エイド銀座の特徴は、地域の物産を販売し、交流を深めるマルシェだけでなく、みんなで現状と将来を考えていくフォーラムにあります。かねてからミツバチやほかの生きもののいのちにフォーカスしていた私たちは、環境保全型農業を取りまく現状を分析し、いかに広めていくか検討していました。

その時、日本型の環境農業政策がぜひ必要ではないかという視点でフォーラムを企画したのが2008年の後半からでした。

当初、幅広い専門分野の方にお集まりいただき、政策提言を出したいという意見もありました。しかし、実行委員会で準備を進める中、「まずは、自由な意見交換の場をつくろう」という方向に軌道修正しました。その後、この方針はファーム・エイド銀座および銀座ミツバチプロジェクトの方針ともなりました。

さらに進む地域との連携

２０１０年１回目のメインは宇和島です。宇和島は前年開催された、「松山・宇和島ローカルサミット」に参加して、宇和島の郷土料理店かどやの清家幹広社長と高級鯛の養殖で定評のある徳弘水産の徳弘多一郎社長とのご縁で実現しました。

またローカルサミット開催時には、３日間、毎日食べた宇和島鯛めしのおいしさが忘れられず、２月には銀座宇和島塾を開催し、銀座の皆さんに徳弘水産の鯛を使った宇和島鯛めしを食べてもらいました。そして3月、田中、大越、私のファーム・エイド銀座の主要メンバーで宇和島を訪問しました。

宇和島市役所や宇和島商工会議所も訪問し、ファーム・エイド銀座への出展のお願いをしました。というのも、昨年からファーム・エイド銀座の発展的運営のためにも、地域の自治体に積極的な出展をお願いし、銀座から地域PRのお手伝いをすることを目的に加えました。宇和島市では清家社長の尽力で、商工観光課で出展費の予算組みをしています。そこで、石橋寛久市長を訪問し、ファーム・エイド銀座について直接説明をしました。

徳弘水産で養殖された鯛

この宇和島訪問の大きな成果は、「牛鬼」です。宇和島では毎年7月の和霊大祭の時、各町内で牛鬼という山車を出します。清家社長が海外出張のため、清家社長のお父さん、元徳会長が私たち一行を案内してくれました。

夜の南予料理の大宴会も進むうち牛鬼が話題になり、元徳会長が呼んだのが山下忠文さんでした。山下さんは牛鬼保存会の名誉会長で、宇和島で、牛鬼といえば山下さんといわれるほどの有名人です。話は進み「よし、銀座に牛鬼を連れて行こう！ しかし皆さんが牛鬼を見たことないじゃ話にならない、見せてやろう」と、次の朝、急遽、牛鬼を見せてくれることになりました。

後から商工観光課の三間屋実さんに「大急ぎで担ぎ手に声をかけましたが、夜も遅い時間なのでなかなか人が集まらず、役所の職員まで集めましたよ」とききき、元徳会長はじめ、皆さんには感謝でいっぱいです。

もちろん、その朝見た牛鬼は最高でした。これが銀座に来たら盛りあがるに決まっていると思いましたが、さて、どこに置くかが問題でした。

この訪問では、愛媛県果樹研究センターみかん研究所で最近の宇和島の柑橘類の話をきき、さらにファーム・エイド銀座開催時に、銀座の一流バー

銀座での牛鬼

テンダーに特産のブラッドオレンジと河内晩柑を使ったカクテルを出してもらう打合せもしてきました。

徳弘水産では鯛の養殖場を案内してもらったり、土居真珠では、貝から真珠を取りだす実演も見せてもらい、真珠のミツバチブローチの作成も依頼しました。こうして市役所、商工会議所、各出展予定者を訪問し、ファーム・エイド銀座の目的を伝えると同時に、希望をききながら成果の上がる出展について相談しました。

そして迎えた4月29日、ワッショイ！　の掛け声とともに、牛鬼が動きだしました。牛鬼は山下さんと三間屋さんが4トントラックに乗せて、前夜から運んできてくれました。

マルシェでは揚げたてのじゃこ天、じゃこカツが販売され、ランチには宇和島鯛めし、ブラッドオレンジ、河内晩柑を使ったカクテルコーナーもあり、2階には、真珠エステや土居真珠の販売ブースも出て、来た方は銀座で宇和島を堪能できたと思います。

この年は宇和島だけでなく、7月は前年につづき、新潟、佐渡、村上特集、9月は東北特集で、岩手と福島にスポットを当てました。岩手県庁や福島市役所も訪問し、自治体、生産者それぞれと連携を深めた上での出展を目指しました。

ファーム・エイドで振るまわれた宇和島カクテル

BEEアクション、スタート

ファーム・エイド銀座の新企画BEEアクションも2010年からスタートしました。農林水産省の職員で「もうかる農業勉強会」を主催する菊地護さんの司会で、学生から企業人まで発信力のあるアドバイザーを集め、みんなで地域の抱える課題解決を目指し、2時間の意見公開会を開催。

それぞれが好き勝手なことを言ってブレーンストーミングすることを「バズ・セッション」と言います。バズとはミツバチの羽の音だそうです。そこから「好き勝手なことを言い合いながらもヒントを見つけ、アクションを起こす」そんなセッションを目指しました。第1回目は、岡山県新庄村と、宇和島市をゲストに迎え、各2時間ずつセッションを開催しました。

2010年はBEEアクションを含め、学生の積極的な参加も促しました。そして、銀座ミツバチプロジェクトの活動の中での定番化を図り、今後、継続して毎年開催できるような仕組みづくりの構築に力を入れました。こうしてファーム・エイド銀座も毎年少しずつ進化し、2012年も4回開催する予定です。

ミツバチフォーラム

2010年からファーム・エイド銀座の新しい目玉としてミツバチフォーラムがはじまりました。

私たちの養蜂の師匠である藤原誠太氏の日本在来種みつばちの会とファーム・エイド実行委員会の共催で、ミツバチに関係することを幅広く勉強するために専門家の先生を講師に招き開催することにしました。

このフォーラムではミツバチの魅力や都市養蜂に期待されること、また、蜜源植物やミツバチの受粉を通して人と自然との共生について、都市化や農薬による環境破壊の問題など、ミツバチ目線から入りますが、それをミツバチや養蜂家だけの問題とせず、社会問題として掘りさげていきます。また、街づくり、地域づくりのヒントを見つけ地域活性化や国際貢献も視野に入れ開催してきました。

第1回目は、玉川大学の佐々木正巳教授を講師にお願いして「蜜源となる花、ならない花――日本の蜜・花粉源植物の実態」というテーマで開催しました。ミツバチを飼育する側にとってミツバチに関する知識のみならず蜜源植物についての知識は必要不可欠です。現在日本の植物の6割は外来種といわれています。蜜源植物は今どうなっているのか、最新情報を豊富な写真とデータを基に解説していただきました。

折角、養蜂をはじめても巣箱の周辺に十分な蜜源がなければ、5月、6月は蜜を集めてきたけれど、6月からは砂糖水の給仕をつづけなくてはならないというケースにもなりかねません。ですから蜜源調査は巣箱設置前にぜひ行わなくてはなりません。

第2回目は、ダイオキシン・環境ホルモン対策国民会議理事水野玲子さんをゲストに迎えて、藤原氏から「ミツバチから見た自然と環境」について、環境指標動物といわれている日本ミツバチの目線に立って、自然や環境、そして農薬の問題について話してもらいました。

第3回目は、国際養蜂協会連合顧問で養蜂家の渡辺英男氏に講師をお願いしました。テーマは「今、なぜ都市養蜂か」です。渡辺氏のお話では、都市養蜂の推進は国際養蜂協会連合でも推進しているテーマだそうです。

フランスではパリのオペラ座のハチミツは有名ですが、オペラ座だけでなく都市養蜂が注目を集め、田舎の養蜂場より、パリやリオンなどの都会の養蜂場のほうが集蜜量が多いという事例が報告されています。そして今、都市養蜂はハチミツを収穫するだけでなく、新しいコミュニティの場にもなっています。

第4回目は、スローフード・ジャパン会長（開催時）若生裕俊氏を講師に「ハチミツ日本のスローフード、在来種みつばちの魅力発見！」というテーマで開催しました。この年の10月、トリノで開催されたテッラ・マードレでのカルロ・ペトリーニ会長のメッセージを紹介しながら、スローフードの視点で在来種のニホンミツバチの魅力を語っていただきました。

2011年のミツバチフォーラムにて（左から筆者、川嶋先生、藤原さん、大谷先生、田中さん）

年が変わり2011年4月のフォーラムでは、学習院大学名誉教授川嶋辰彦氏と兵庫県立自然・環境科学研究所教授大谷剛氏を講師に、西はアフガニスタン、東は青森までアジアに広く分布する在来種のトウヨウミツバチの現状と未来についてお話をしていただきました。

大谷先生は、セイヨウミツバチの背中に1匹ずつ個体認識番号をつけて、稲穂に花粉を集めに来るミツバチについて調査しました。それまで「稲穂からは蜜が出ないので、ミツバチが田んぼに行くのはせいぜい水を飲みに行く程度だ」といわれていました。しかし、現場の農家からミツバチも稲穂に来ているという報告を受け、個体識別番号を付けて調査すると、「ミツバチは稲穂の花粉を集めに行っている」という結論に達しました。こうしたこともありミツバチが田んぼに集まるこの時期にするカメムシ対策の殺虫剤散布は、ミツバチにとって大変危険なことなのです。

川嶋先生からはタイで行われている養蜂の写真を見せていただき、仏教思想や多様性を大切にする暮らしについてお話を伺いしました。現地の養蜂では「足るを知る」ということを大切にして、自発的に量を決めて（自発的線引きをし）、ハチミツを取りすぎないことを守っているそうです。

そして「ミツバチのようにありたい」という考え方が仏教につながってくるそうです。グローバルスタンダードということがいわれますが、タイの村でも地域独自の簡素な生活を守ることが村で生きる人びとの幸せなのです。その価値や文化の多様性を理解することのほうが、グローバルスタンダードを共有するより、これからの生き方では大切な気がしました。ミツバチを通してアジアの農村現場を教えていただきました。

その後も、7月は藤原由美子氏（誠太氏の奥様で農学博士）から「知られざるスズメバチの生態」、10月は東京都養蜂協会会長（当時）矢島威氏（故人）から「みつばち、よもやま話」、11月は「タイガからのメッセージ」というテーマで、三上雄己監督とタイガの森フォーラムの野口栄一郎氏をゲストに、映画「タイガの森からのメッセージ」のダイジェスト上映とトークショーを開催しました。

そして、2012年の4月は分封シーズンを控え、藤原誠太氏の「日本ミツバチをつかまえよう」をテーマに、具体的な分封群捕獲の話をしました。7月は京都産業大学総合生命科学部准教授高橋純一氏に「養蜂への期待と都市養蜂の可能性」というテーマでお話をしていただきました。

これからも銀座ミツバチプジェクトがファーム・エイド銀座を開催する上で、このミツバチフォーラムが大切な情報発信の場になると思います。ぜひ読者の皆さんもファームエイドに来て、ミツバチフォーラムに参加してはいかがでしょうか。

4　銀座ビーガーデン

２００７年から白鶴酒造の屋上では米づくりが始まっています。「銀座の屋上でできた米で日本酒を仕込もう」という小田朝水次長の掛け声で、こちらも白鶴社員有志にとどまらず、銀座ミツバチプロジェクトやグリーンプロジェクトの仲間が集まり、６月ににぎやかに田植えが行われました。植えたのは「白鶴錦」という、白鶴オリジナルの山田錦系の酒米です。

太陽の照りつける７月、８月も小田さんは朝早くから毎日水やりをしました。初年度の稲の多くは酒樽に植えたため、本当に水やりは大変な作業だったと思います。収穫期を迎えると、銀座の屋上で

白鶴銀座天空農園での稲刈り（右）と、その後の収穫祭（左）

もスズメや小鳥たちが稲穂を食べに来ますので、案山子をつくったり、網を張ったりと銀座で鳥獣害対策です。

いよいよ収穫の日、屋上で農を楽しむ仲間が大勢集まりました。銀座の屋上で鎌を使っての稲刈りです。はじめて稲を刈る子どもたちや、何十年ぶりかなと昔を懐かしがる大人たち。みんな思い思いに稲刈りを楽しみました。

作業の後はお楽しみ大バーベキュー大会です。もちろん、大人はお酒で乾杯です。秋晴れのもと、屋上の芝生広場に車座になって、日が傾くまで日本酒を楽しんだ最高のひと時でした。

やがて、白鶴酒造の屋上では年々田んぼのスペースの拡張を行いました。今では60キログラム以上の米が収穫できるようになり、収穫祭の乾杯も、銀座で育った米と銀座で仕込んだお酒が振るまわれるようになりました。

屋上農業の仲間を紹介

この年も多くのメディアが取材に来ました。その時、ミツバチだけでなく「屋上農業の仲間を紹介します」と言って、松屋銀座や白鶴酒造を紹介しました。雑誌の特集で3者同時にたくさん取りあげていただきました。そして少し誇らしげに「私たちの屋上でミツバチという銀座で農を楽しむ点の活動が、3か所を結ぶ線の活動になりました」。そんなコメントをした記憶があります。

やがて面（街全体）の活動に発展しますが、この時はそこまで意識していませんでした。このころは、「この先、銀座でミツバチが認知されていっても、そこかしこの屋上でミツバチを飼う訳にはいかないだろう。どうやって、銀座の街の皆さんに活動に参加していただこうか」という悩みを抱えていました。

「オペラthe銀座　銀ぱち物語」には800名以上の来場者があり、私たちの活動を知り、参加したい！　応援したい！　という言葉をたくさんいただきました。また、「今まで銀座で商売をしていて、銀座が自然にやさしい街だなんて思ったことはなかった。皆さんは良いことをしたね」と励ましの言葉を老舗の旦那さんからもいただいたり、こうした活動につづくものを生みださなくてはと考えていました。

そこで、思いついたのは「ミツバチは私たちが安全に飼います。皆さんは、ミツバチが遊びに行ける花畑や野菜畑、ハーブ園をつくってください」こんな呼びかけをすることだったのです。

銀座ブロッサムビーガーデン

私たちが屋上養蜂を始めるにあたり中央区役所の公園緑地課にご挨拶に行ったことはすでに話したとおりですが、その後、ニホンミツバチが分封騒ぎを起こした時はレスキューに行ったり、銀座柳祭りや、中央区のイベントにも参加するようになりました。

また、条例で高さ56メートルの制限ができた時には「人にも、ミツバチちゃんにもやさしい高さにした」と、当時の副区長さんが話していました。区役所内でも銀座ミツバチプロジェクトへの信頼が生まれてきたのでしょう。ちょうどそのころ中央区では、区と企業とNPOの協働事業を模索していました。そうした背景もあり、思いもかけないご提案を中央区からいただいたのです。

「来年、銀座ブロッサム中央会館の改修工事があります。それに伴い屋上緑化を実施することになりました。計画では芝生ですが、もし、銀座ミツバチさんが管理を引きうけてくれるなら、芝生でなくても良いですよ」という内容でした。

「ミツバチが遊びに行ける花畑や野菜畑、ハーブ園にしても良いですか」ときくと「もちろん結構です。ただし、建物が老朽化していて荷重制限があり、重いものは乗せられません。設計事務所の方と十分相談してください」ということでしたから、早速、屋上緑化専用の土をつくるメーカーと相談しながら、設計事務所の方と打合せに入りました。

はじめて設計事務所に行った時はとてもショックを受けました。開口一番、「銀座ブロッサムの屋上に花畑や野菜畑をつくるのは無理です」「この建物は老朽化が進んでいます。また、この屋上は常時大勢の人が上がるようには設計されていません。1平方メートルあたり80キログラムが荷重の基準ですが、老朽化の部分を考慮すると60キログラム以上の荷重のかかるものは提案できません。薄い土で生育可能な芝生を植えることで精一杯です。畑で野菜をつくるには15センチメートルから20センチメートルは土が必要でしょう」と言われたからです。

こちらも諦めるわけにはいきませんから「それでは60キログラムに収まるように検討しますので少し時間をください」と言って帰りました。

その後、屋上緑化専用の土ルーフソイルを開発したマサキ・エンヴェックの技術者の皆さんの検討が始まりました。軽量土壌ルーフソイルの中でもとくに軽い配合をお願いし、土の厚さも最低にして、平均的な水を含んでの荷重を1平方メートルあたり60キログラムに抑えた設計案ができました。次に花畑や野菜畑、ハーブ園のレイアウトを決めていきました。そして340平方メートルと40平方メートルの野菜畑の提案ができて、設計事務所との打合せも進みました。

やがて、区の入札で施工業者が決まり、改修工事が始まりました。屋上農園の引き渡しは2008年12月です。銀座ブロッサムと中央区、また区の関係する協働事業ということで、NPOサポートセンターがコーディネーター役となり、関係4者での管理契約の会議を重ねました。その時、屋上の農園の呼び名をどうしますかという議題が出ました。そこで「銀座ブロッサムビーガーデン」と決まりました。

いよいよ12月中旬の週末、銀座ミツバチプロジェクトのメンバーとその家族が中心になって菜の花の苗植えを行いました。その日は、私の小学3年生の娘まりあと、1年生の息子一郎も参加し、小学校低学年や保育園に通う子どももいました。

みんなに「苗は上からつままないで、根の部分から持って、やさしく植えてね」と説明し、春になって菜の花が咲き、ミツバチが遊びに来る日を楽しみに植えました。

菜の花が膝の高さを超えると、こんな薄い土でも大丈夫かと心配しましたが、しっかり根が土に絡まって倒れる苗もほとんどありませんでした。そして、2月後半、ひとつ、またひとつと花が咲きだしました。3月には菜の花は満開です。期待にこ

「銀座ブロッサムビーガーデン」に菜の花を植える子どもたち（右・一郎）

たえてミツバチもたくさん飛んできました。これで自分たちも蜜源植物を育てる養蜂家になれたと、田中さんと喜びあいました。

銀座を里山に！

その年、２００８年はファーム・エイド銀座をきっかけに多くの地域や地域街づくりに取り組む皆さんと連携を持ちました。そのひとつが場所文化フォーラムの皆さんです。

彼らの主催する「とかちローカルサミット」からは、多くの刺激を受けました。そのサミットの中で銀座ミツバチプロジェクトの活動を紹介したり、食と農業についての分科会で積極的に発言したりしました。「銀座をミツバチが飛ぶ里山にしたらいい。屋上農園がそこかしこにできたら、きっと高いビルの上から見ると里山のように見えるよ」。そんなアドバイスをもらい、私もこれだ！　と確信しました。

田中さんとも相談して「銀座を里山に！」をスローガンにして、友人のまえのめり株式会社の加藤秀一さんにお願いして「２００９年初夢」というイラストも書いてもらいました。

屋上養蜂、都市農村交流のファーム・エイド銀座に加えて、２００９年から私たちの活動に銀座計画が加わりました。街に10か所以上の銀座ビーガーデンをつくり、線でつながった活動を面の活動にして、街全体に自然を取りいれたそんな街づくりを考えて行動しています。

第三章　日本再生、農の力で日本を元気に！

© カワチキララ

1　あなたの「おいしい！」で被災地域を応援

東日本大震災のあった２０１１年3月11日から2か月が過ぎた時、原発の怖さ、農産物への実害の大きさ、風評被害など、その中で助けあう人と人との絆、自然と人間との関係から、さまざまなことを学び、今こそひとりひとりが「環境にやさしい生き方」を選択すべき時が来たと実感しました。

これまでミツバチを通して自然や食べ物の大切さに触れ、各地でがんばる皆さんとの交流が生まれた私たちは、自らこの生き方を実践し、さらに多くの皆さんの共感を呼ぶ活動に発展させる時であるとあらためて感じています。

ファーム・エイド銀座 2011 で販売された気仙沼パン工房のパン

ファーム・エイド銀座２０１１は、4月、7月、10月、11月に開催し、「あなたの『おいしい！』が被災地域を元気にします！」この考え方を世の中に広めていきたいと思いました。

被災地域への義援金や緊急支援物資はもちろん大切ですが、復興支援で一番大切なのは被災地域の経済的自立ではないでしょうか。

さらに言えば、まずは直接的な被害の少なかった東北地方の日本海側や内陸の地域の復興だと思います。津波や地震の直撃地では、売りたくても売る物がない。そこで、そのほかの東北地方の農産物や物産が売れることで、被災者雇用の受け皿にな

ファーム・エイド銀座での茨城県大子町のブース

り、お金の回る仕組みもできていきます。

また、首都圏や関西圏からの旅行者にもぜひ訪れて欲しいです。ホテルや旅館に泊まり、地元の物を食べて、地元の酒を飲むことも復興支援だと思います。

その意味で弘前市のさくらまつり開催は素晴らしい決断でした。厳しい環境の中でも希望を持って海に出る漁師。被災を免れた畑に種を蒔く農家。震災から免れた施設で酒造りを再開した造酒屋。こうした皆さんを「食べること」「飲むこと」で支援しましょう！

東北地方では流通ルートも壊れてしまい、物があっても売れない現実があるそうです。ファーム・エイド銀座ではそうした地域の特産品やお酒を銀座の飲食店などに紹介してきました。ひとりでも多くの人に「あなたの『おいしい！』が被災地域を元気にします！」に共感してもらい、「応援買い」の仲間になってもらえればうれしいです。

「食べる」「飲む」「行く」復興支援

ゴールデンウィーク後半の5月4日と5日、銀座社交料飲協会（GSK）のバーテンダーやクラブのママさんを誘って、今年も貸切バスで福島市荒井地区に行くことになりました。訪問の目的は、私たちが借りている農地の近くにある土湯温泉に避難している浪江町や南相馬市の皆さんへのお振舞いと、「四季の里」の復興支援イベントへの参加です。

自分たちも土湯温泉の湯につかり、ファーム・エイド銀座で交流のある地元の皆さんと、復興への夢を語りたいと思いました。私たちが出かけて行くことで復興支援の役に立てればうれしいと思います。「食べる」「飲む」「行く」こうした行為は、お金の循環を生み被災地域に元気をもたらすはずです。

土湯温泉が銀座になる

ＧＳＫのクラブのママからの、「もし、迷惑でなければ私たちはお酒を売るのが仕事だから、お酒を振るまうことで支援できないかしら」。そんな提案が始まりでした。

参加者を募集すると、銀座でも有名なバーテンダーの皆さんや、クラブのママやホステスさんから参加表明がありました。また、屋上で米づくりをしている白鶴酒造からはお酒を、ＧＳＫからはウイスキーなどを協賛してもらいました。

現地との調整を重ねた結果、土湯温泉の観光協会と女将さん会が全面的に協力してくれることになり、「5月4日、土湯温泉が銀座になる」という告知までしてくれました。

当初計画にあった自衛隊駐屯地のクラブでのお振舞いは延期になりましたが、土湯温泉のにぎわいはとても印象的でした。私たちが到着した午後3時には、すでにたくさんの人が集まっていました。開始時間の3時半に間に合うようにと全員総出で準備をし、土湯温泉女将さん会の豚汁も良い匂いを漂わせていました。荒井地区の皆さんと相談して、地元のイチゴやトマトを使ったカクテルも提供します。

福島県・土湯温泉で地元産のイチゴやトマトを使ったカクテルを振る舞う銀座のバーテンダーたち

３時半から５時までのあいだに、カクテル約１０００杯、日本酒その他７００杯、ソフトドリンク３００杯、合計２０００杯が出ました。

はじめは皆さん並んでいるので、遠慮がちにひとり１杯でしたが、やがてお酒の好きな方は両手に違う種類のカクテルを持ち、飲み比べでご満悦でした。クラブのママさんたちが声をかけると、「懐かしいな、俺も昔銀座に行ったよ！　また行きたいな」と言われ、ママさんが「きっと行けますよ。お待ちしていますね」と言うと、「暮らしが戻ったら、きっと行くよ」こんな会話がそこかしこで始まりました。

そして多くの皆さんが「おいしかった。ありがとう」と帰って行きました。土湯温泉観光協会の皆さんからも「震災以来ずっと暗い気持ちだった。建物が壊れて廃業するしかない仲間も何軒も出た。こんなににぎやかな温泉街は久しぶりだよ。ありがとう」という言葉をもらいました。

その夜の地元の皆さんとの交流会での盛り上がりは、想像をはるかに超えるものでした。

心の種蒔き

翌日「四季の里」の復興支援イベントへ参加する前に、私たちの農園での枝豆とトウモロコシの種蒔きを予定していました。前日、少し騒ぎすぎたためか出発が遅れてしまい、畑に到着した時は、普段畑の管理をしてくれている荒井地区の皆さんが首を長くして待っていました。「おはようございます」と元気よく声をかけて自己紹介からスタートです。

東京より少し春の訪れの遅い福島市。この季節がいかに美しいことか。見上げれば吾妻連峰にはシンボルの雪うさぎの形をした残雪がくっきり見えます。周りを見渡せば桃の花が色づき、菜の花畑も今が盛り。そして畑の脇の水路には勢いよく雪解け水が流れこみ、水路の脇には緑の中にタンポポの花が咲いていて、ミツバチが遊びに来ています。参加者全員が日常を忘れ癒されました。

しかし今年はどこか違います。普段の年なら走りまわる子どもたちでにぎやかですが、今回は震災支援でもあるので、子どもの参加は自粛となりました。また目に見えない放射能の恐怖もあります。福島市でも地形や風の流れにより放射能濃度は違うそうです。中でも奥にある荒井地区は放射能の被害が一番少ないそうですが、前例のない原発事故の影響はどう出るのかわかりません。そして「次に爆発が起こったら、みんな終わりだ」こんな心の叫びにも似た空気が漂っていました。

話はさかのぼりますが、震災後、放射能の実害、風評被害を考慮し、福島での作付けを実施するか慎重に検討しました。もし私たちが作付けをしなかったら、荒井地区の皆さんはずいぶんがっかりするだろうと思っていた時、4月7日に福島県から耕作自粛解除が発表されました。

「数値で安全が証明されれば耕作しよう」「地元の皆さんと一緒に種を蒔き、作付けをして、収穫物を銀座で売って銀座が応援していることを行動でしめせたら、みんな元気になるに違いない」とも考えていたので、種蒔きをすることに決めました。

さて、和服姿のクラブのママさんたちが畑に来たものですから農家の皆さんも大喜びです。はじめは、足袋が汚れてはいけないので、隅の部分をお願いする予定でしたが、「畑に入れるように歩くところをつくってやるよ」と農家の皆さんが種を蒔く畝の部分と歩くところを分けて、草履でも歩けるように柔らかい土を踏みかためてくれました。種を蒔く場所に印をつける人、種を蒔く人、蒔いた種に土をかぶせ軽く押す人、自然に役割分担ができていました。

ママやホステスさんたちが種を蒔き始めると、「今度は吾妻山をバックにこの角度から」「次は桃の花を背景に」と、畑はちょっとした撮影会場になりました。

荒井地区で種を蒔くママたち

あっという間に枝豆とトウモロコシの種蒔きが終わり、談笑の輪が広がりました。その中で「余震や放射能の恐怖で、私たちには一日たりとも心安らかな日はありません。でも、なにもしないわけにはいかないので、売れるかどうかわからないのに農作業に励んでいます。でも皆さんが来てくれたおかげで、がんばろうという気持ちが湧きおこりました。今日一緒に蒔いたのは、私たちの希望の種です。この枝豆が収穫できるころには原発問題も収まり、心から和やかな気持ちで、枝豆をつまみにビールを飲みましょう！　その日が来ることを心の支えにして、また明日からがんばります」ときき、涙がこみあげてきました。

今回の福島では、枝豆やトウモロコシの種を蒔きましたが、それ以上に被災者の皆さんや、協力していただいた福島市の皆さん、そして銀座から参加した私たち、それぞれの心に希望の種を蒔いた気がします。この希望の種が、やがて花をつけ、実がなるころ、日本全体が今よりは希望を感じられる世の中になっていることを願い、私たちもがんばっていきたいと新たに決意しました。

2　みつばちの里づくり

出雲街道の宿場町として栄えた岡山県新庄村は岡山県の北に位置する中国山地の源流の村で、ブナの原生林が今も残る自然の宝庫です。新庄村と銀座ミツバチプロジェクトとの出会いは2008年ファーム・エイド銀座の開催でした。

「あなたの『おいしい！』が日本の地域と食を元気にします！」という呼びかけに応えて、4人づきの餅つきを披露してくれました。当日は笹野寛村長はじめ、ゆるキャラの「ひめっ子」や村の人たちが銀座に来てくれました。つきたての餅は飛ぶように売れ、用意した20臼分の餅が完売です。こうして新庄村との交流が始まりました。

2009年11月には日本再発見塾inn岡山県新庄村も開催されました。このイベントは構想日本や東京財団が後援し、人口1000人の村に100人が民泊するという村をあげての大行事でした。

しかも、呼びかけ人として村に来るのは、俳人の黛まどかさんや脳科学者の茂木健一郎さん、料理人の野崎洋光さんなど著名な先生ばかりです。私も事務局の手伝いで「食のつながり」部門を担当したことで、新庄村の素晴らしさを再発見しました。

新庄村は源流の村です。つまり上流はブナの原生林ですから水が豊富で、人がいませんからきれいです。森は海の恋人代表の畠山重篤さんが言うように、広葉樹林から湧きだす水には、鉄をはじめとしてたくさんのミネラルが含まれています。もちろん海の再生にも大きく貢献しますが、おいしい野菜や米づくりにも水は欠かせません。

さらに、中国山地の村々では昔から牛を飼っており、牛の糞から堆肥をつくる循環型の農業が営まれてきました。実際にブナ林を歩き、勢いよく清流が流れる田んぼの側に行くと、この村の豊かな自然が実感でき、この村は「環境の村」として再生できると確信しました。

笹野村長にも「新庄村を環境の村にしましょう。農薬や化学肥料はできるだけ減らし、源流域野菜を栽培し、無農薬の餅をつくれば売れるし観光客も来る。そして有機農業に関心のある人がＩターン、Ｕターンで来ますよ」と提案しました。

源流の村をみつばちの里に

養蜂家の藤原誠太さんが日本再発見塾の番外授業として行った、ニホンミツバチの自然巣から巣箱に移す研修の置き土産でもあるミツバチたちが想いをつなげてくれました。

もともと、山里の新庄村の周りにはニホンミツバチが生息しており、ミツバチに関心のある人もたくさんいました。しかし、ニホンミツバチを巣箱で飼う技術は一般的には知られていません。木の穴にニホンミツバチが営巣していることを知っていても、木を切り倒さなければハチミツは手に入りません。ニホンミツバチを捕まえて巣箱で飼う技術を藤原先生は教えてくれました。

このことがきっかけとなり、新庄村に養蜂グループができました。２０１０年にはミツバチも８群に増え、また、藤原先生や銀座ミツバチプロジェクトに来てもらって養蜂講習会を開こうと、盛りあがっていた矢先、８箱のミツバチが１箱を残して全滅しました。

私たちも現地に行き様子をきくと、ミツバチがいなくなった時期と、カメムシ対策の農薬空中散布の時期が重なったということでした。１箱だけ残った巣箱は沢の一番奥にあり、そこまでヘリコプターは行かなかったので助かったのだそうです。

現在、日本各地で同様の問題が発生しています。かつて有機リン系の殺虫剤がカメムシ対策では主流でしたが、毒性に問題があるので、低毒性ネオニコチノイド系の殺虫剤に切りかわりました。

有機リン系の殺虫剤復活は望みませんが、ネオニコチノイド系はミツバチやトンボやカエルには、むしろ危険なようです。農薬を直接浴びればどちらも死にますが、ミツバチは匂いに敏感ですから独特の匂いのする有機リン系殺虫剤の散布後は、そこには近づきません。

ところが、匂いのないネオニコチノイドが撒かれた後の田んぼには水を飲みに行きます。そうすると小さいミツバチの体内にネオニコチノイドが蓄積するのです。これは脳神経に影響する農薬ですから映像を記憶し自分の巣箱に戻るミツバチにとっては、脳神経に異常をきたせば巣箱に帰れなくなってしまいます。

そこで笹野村長に相談することにしました。村全体での取り組みが難しいのなら、環境地区をつくりそこではできるだけ農薬を使わない農業に取り組み、ミツバチも飼って、みつばちの里にしましょう。すぐには無理でも、環境農業計画をつくり、計画的に有機農業を拡げていくと宣言をしたらどうかと提案しました。清流の流れる源流域の村、新庄村こそ有機農業で村の再生ができると強く訴えました。そして２０１１年３月にアジア有機農業プラットフォーム推進条例ができました。

電脳ミツバチが田畑を見守る

時を同じくして２月には、銀座ミツバチプロジェクトは総務省より「ＩＣＴ（情報通信技術）を利活用した食の安心安全構築事業」を受託しました。クラウドコンピューターと通信技術を使って地域の生産現場と都市生活者をつなぐことを目的にした事業で、土壌センサー「電脳ミツバチ」を設置します。

この技術を利用して「みつばちの里」の生産現場の様子を「見える化」し、都会の皆さんが安心して買える仕組みをつくります。この事業は新庄村と栃木県茂木町で実施することになりました。

３月、新庄村に行って笹野村長はじめ役場の皆さん、米・野菜の生産者の山口成義さんと会議をしました。山口さんは米の種子消毒はネオニコチノイドを使わず60度

新庄村の山口さんの田んぼに設置された土壌センサー「電脳ミツバチ」

の温水処理で行っていますが、ネオニコチノイド系のジョーカーという薬を1回だけ使っているそうです。

山口さんの田畑のある場所は、ちょうどミツバチの巣箱の設置場所の近く、まさに、みつばちの里にあります。相談の結果、今年はジョーカーを使わないで栽培し、その餅米を「姫ほくろ餅」として銀座でも売りだそうと企画しました。

また、別の田んぼでは秋田こまちを栽培し、同じく無農薬の大豆と合わせて味噌をつくり、「みつばちの里新庄味噌」を銀座で売ったりもしました。その生産現場である新庄村の自然や山口さんの栽培工程、その後の餅や味噌の加工現場も見える化し安心・安全を確認してもらうだけでなく、新庄村に共感するファンをつくろう。新庄村の皆さんと銀座からやってきた私たちの思いがひとつになりました。

そして、6月21日、電脳ミツバチが山口さんの田畑に設置されました。今回電脳ミツバチで管理するデータは、GPSによる田畑のデータ、空気の温度、地温、地中の水分、塩類集積濃度（EC値）です。農薬の使用や生産工程の管理はパソコンへの入力になりますが、データはクラウドコンピューターに蓄積されます。

この情報を生産者の栽培支援情報と消費者向けの安心・安全情報に分けてそれぞれが利用できるようにします。7月4日には栃木県の茂木町でも電脳ミツバチを設置しました。こうした、ICTを使うことで「みつばちの里」が全国に増えることを願っています。

今後、「みつばちの里」が拡がることで地域の活性化だけでなく、生産現場の見える化による安心・

安全で震災復興・風評被害の排除にも期待されます。また、専門家の指導を受け「みつばちの里認証基準」も検討しながら、生産者と都市生活者の架け橋になる仕組みを目指したいと思います。

3 「生きもの目線」の農業

8月7日に新潟県阿賀野市にて開催された、ささかみ農業協同組合とNPO法人食農ネットささかみ主催による「明日の食と農業を考える」ゆうきの里農業者大会の記念講演を頼まれ、「生きもの目線」の農業について話をしてきました。

「明日の食と農業を考える」ゆうきの里農業者大会の記念講演

最近「農薬に弱いミツバチや生きものを応援するために、できるだけ低農薬の農産物を食べましょう！」という趣旨の話や講演はよく頼まれますが、JAの農業者大会で、いきもの目線の農業の話をするのは自分でもとても楽しみでした。それには理由があります。農協やJAという言葉をきくと、ひどくマイナスなイメージを持つ人が多い。さらに口の悪い人は「日本の農業をダメにしたのはJAだ」と言います。

では、本当にJAは必要ないのでしょうか？　私は、そんなことはないと思います。とくに地方では今でも重要な

JA ささかみの田んぼの生きもの調査（右）田んぼでみつかったモリアオガエル（左）
（JA ささかみ提供）

役割を担っています。そこでかねてから「ＪＡこそ進んで環境保全型農業に取り組み、都会と地方の架け橋になるべきだ」と考えていました。そういう訳でＪＡささかみに行き、職員や生産者と話すのがとても楽しみだったのです。

また、ＪＡささかみの江口聡専務との事前打合わせで、「私たちは田んぼの生きもの調査を実施しています。ネオニコチノイド系の殺虫剤の影響でミツバチが減っているという話ではなく、みんなで『生きものがにぎわう』田んぼをつくろう。そんな話をして下さい」と頼まれました。これをきいて私はうれしくなりました。

なぜなら、当日集まる生産者の中には、有機農業を実践している人や、できるだけ農薬を減らし低農薬に挑戦している人、なんらかの理由で慣行農業をつづけている人もいるはずです。農薬が環境や人の体に影響することは、それを使用する生産者は良く知っているし、生産者こそ危険の近くにいる。だからこそ地域全体で農薬を減らす取り組みが必要で、農家以外の人やとくに地域の子どもたちも参加する生きもの調査が大事だと考えていたからです。

江口専務と農業者大会の主催者のひとりである食農ネットささかみの石塚美津夫理事長は、２０１０年11月のファーム・エイド銀座で開催した「生きもの祭り」に参加していたそうで、「佐渡おけさを踊ったのは、オレだ！」と言われて驚きました。生きもの祭りの呼びかけ人で田んぼの生きもの調査指導者の林鷹央さんや、一緒にトキ×ミツバチ応援プロジェクトを進めている「佐渡トキの田んぼを守る会」代表の斎藤真一郎さんも共通の友人でした。

当日は、ＪＡささかみで生きもの調査を担当している高山和彦さんから「調査を通して感じることは、有機の田んぼで生きものがいるのはあたり前ですが、そうでない田んぼでも、生きものがいるところもあります。よく環境保全型農業という言葉を使いますが、今の状況の保全ではだめだと思います。今後、生きものがいる田んぼを増やし、環境向上農業を目指したい」と報告がありました。

高山さんから後できいたことですが、ＪＡささかみでは、すでに85パーセントの田んぼでネオニコチノイド系の殺虫剤は使用していないそうです。また、自らも生産者である高山さんは農薬の販売も含め、組合員への営農指導を担当しているそうです。若いＪＡ職員が営農指導し、環境向上型農業を地域で目指していけば、すばらしい展開になると確信しました。

斑点米が安全の印

講演では、新潟大学農学部准教授の粟生田《あおうだ》忠雄先生がネオニコチノイド系農薬の影響についてしっかり話してくれましたので、私はとくに強調しませんでしたが、ここでは少し解説しておきます。

ネオニコチノイド系の農薬は、有機リン系の農薬が人に対して毒性が強いので使用を中止するための代替として登場しました。特徴としては、①野菜やコメなど作物の内部への浸透性の高さ　②植物に浸透した後、長期間の残効性がある　③ニコチンと似た作用で脳神経にも影響を及ぼす神経毒性がある。とくに最近の研究では、人と昆虫の神経系の基本は同じで、人体への影響も懸念されています。

ただし、日本の農薬は農薬取締法により厳しい手順を踏んで、それをクリアしたものだけしか登録できない仕組みです。それなのにどうしてという疑問も残ります。これまでの農薬登録の基準は、人体への影響を中心にできているので、今後それを小動物や昆虫、さらに生態系の保全にまで配慮した登録基準に変更すれば、農薬の性質も変わるのではないでしょうか。

これはあくまで私の個人的な考えで、友人の有機栽培農家からは批判を受けていますが、日本のようなアジアモンスーン型（高温多湿）の気候で、ある程度の経済合理性（収量）を求める場合、多少の農薬使用は仕方がないとは思います。ですが、できるだけ自然や生態系に悪影響を及ぼさない農薬を最低量使用する仕組みができないかと思います。

それが生きもの目線の農業だと考え、その農業を一部の志のある人たちだけの「点」の活動ではなく、地域で取り組む「面」の活動にしたいと考えています。

この講演会では、私たちが都会でミツバチプロジェクトを推進し、その活動が札幌、仙台、名古屋、大阪、北九州と、全国の主要な都市に拡がっていることや、「みつばちの里」も拡がり殺虫剤を使用しない生産者や、その農産物を買うことで応援する仕組みができつつあること。岡山県新庄村の山口成義さんが笹野村長と「みつばちの里　新庄村姫の餅」のＰＲで銀座に来た時の話をしました。

銀座のホテルから、姫ほくろ餅のもち米をフレンチの魚料理と合わせたり、イタリアンレストランではリゾットにしたいという提案があったこと。

その時、山口さんが「カメムシ対策の殺虫剤を使用していないので米の中に斑点米があります」と伝えると、ホテルの人は「斑点米は食べると害がありますか？」とききき、山口さんが「害はありませんが、選別機にかけて取りのぞくこともできます」と答えると、「いいえ、結構です。斑点米を安全な印として、お客様にお伝えします」と返事をしました。その場にいた人たちはびっくりしていましたと話すと、ＪＡささかみの講演会でも同じように皆さん驚いていました。新しい価値基準の誕生です。

農業者大会終了の挨拶で石塚理事長もこのことに触れ、「米の検査制度」についての意見が出ました。現在の検査制度では、少量の斑点米が混ざっただけで等級が落ちてしまいます。検査基準の見直し、または、検査制度自体の見直しも「生きもの田んぼ」を増やすために必要になるでしょう。生きもの目線にたった検討が今こそ大切です。

4　タイガの森にすむミツバチからのメッセージ

極東ロシアのタイガの森の栄養がアムール川からオホーツク海に流れこみ、豊かな日本の水産業を支えていることは知っていましたのでタイガの森の自然保護は他人事ではありません。

タイガの森フォーラムの野口栄一郎氏の案内で、養蜂家の藤原誠太氏、銀座ミツバチプロジェクトの田中淳夫、田中章仁と私の４名がビキン川流域のクラスニヤール村を訪れたのは９月12日でした。

成田からハバロフスクへの２時間半のフライトを終えた後、迎えに来てくれた村の組合「ティーグル」のスタッフが運転するランドクルーザーに揺られること5時間。夜中の2時近くにようやく目的地クラスニヤール村に着きました。まだ残暑厳しい日本からまさかのために持参したダウンジャケットが役立つほどの寒さです。ホストファミリーのタチアナさんの好意で、冷えた体をバーニャ（サウナ）で温めその日はベッドに入りました。

アルカディー・シルコ氏の養蜂場

タイガの森のハチミツ

翌日は、まずティーグルのオフィスを訪問し、組合長のウラジミール・シルコ氏の歓迎を受けました。シルコ氏のお父さん、アルカディー・シルコ氏は村で一番の養蜂家です。ウラジミールさんも養蜂には関心がありますが、自身は蜂毒アレルギーがあり養蜂は難しいということです。シルコ氏のティーグルの活動は、タイガの森の管理はもちろんのこと、狩猟や養蜂の管理、グリーンツーリズムのガイドなど幅広く、さらには村に電力を供給するディーゼル発電所も管理しています。まさにティーグルが村の暮らしを支えています。

早速ハチミツの試食をさせていただきました。タイガの森ではシナノキを中心にミツバチたちは蜜を集めます。また、今年は10年に1度と言われるエゾウコギのハチミツも収穫できたそうです。シナノキ、エゾウコギはどちらも満足のいく香りと味でした。

今年はティーグルの養蜂場で約10トンの収穫がありましたが、収穫はその年の天候に大きく左右され、多い年は20トンにもなりますが、少ないと1トンの年もあるそうです。

その日の午後は、待ちに待った養蜂場への訪問です。案内してくれたのは、ウラジミールさんの奥さん、ユリアさんでした。ユリアさんはモスクワで弁護士をしている才女で、森林伐採を推進する企業に対し、先住民族の権利を主張し、最前線で毅然と戦うそうです。そのユリアさんの運転で、アルカディー・シルコ氏の養蜂場を訪ねました。

そこにいたのは、スロベニア原産のカーニオラン種のセイヨウミツバチたちでした。見た目はニホンミツバチとほとんど同じ、黒のボディーに乳白色のラインが特徴です。ほんの少しだけ普段見ているミツバチより大きい気がしました。くん煙器を用意してもらい、網付きの帽子をかぶり、いよいよ巣箱を開けます。煙をかけて手前の巣枠を取りだすと黒光りするミツバチたちがたくさんいました。

カーニオラン種のセイヨウミツバチの巣

早速、藤原先生がスケールを取りだし、巣穴の長さを測ります。やはり巣の直径が1ミリメートルから2ミリメートル程度、日本のセイヨウミツバチより大きいようです。また、ダニも確認しました。ダニ対策についてアルカディーさんに尋ねると「ダニはめったに出ない。出た時だけ薬を使う」とのこと。

後に確認すると、日本で使用されている「アピバール」（商品名）と同等の物でした。じつは私たちの今回の任務のひとつに、ダニ対策の薬や抗生物質の使用の有無の確認がありました。それとタイガの森フォーラムがハチミツを輸入するための、専門家としてのアドバイスという役目もありました。

アルカディーさんは巣箱を移動させず、同じ場所で飼っています。その場所はビキン川のほとりにあり、雪解け後、一番先に咲く水辺の草花から蜜を集めて少しずつ数を増やし、シナノキの花が咲く時期に一気に蜜を集めて、冬は養蜂場にある倉庫で越冬するのだそうです。

ロシア・クラスニヤール村のトウヨウミツバチ自然巣と筆者（タイガの森フォーラム野口氏撮影）

トウヨウミツバチを発見

私たちの一番の関心事である「野生のトウヨウミツバチはいるのか」という質問をアルカディーさんにしてみると「いるよ。分封した野生のハチが巣をつくっている。見せるから家においで」と言うので、自宅にお邪魔しました。すると養蜂道具の倉庫に置いてあるリンゴ箱のような木箱にふたつの群れが営巣していました。

「よし、箱を開けて見てみよう」と、くん煙器を用意しようとしたアルカディーさんに、藤原先生が「トウヨウミツバチには煙はダメ！　かえって暴れるから」と言うと、アルカディーさんは刺されるかもしれないと心配そうに箱のふたをそっと開けました。すると立派なトウヨウミツバチの自然巣ができていました。

また、ミツバチを捕まえ羽の脈を確認すると、セイヨウミツバチのYの字に対し、トウヨウミツバチ特有のHの字に広がる脈も確認できました。

これは大きな発見かもしれません。日本では野生のトウヨウミツバチの北限は青森県です。それよりはるか北、ロシア極東のタイガの森にトウヨウミツバチが生息している事実を確認した日本の研究者はいないと思います。

「トウヨウミツバチの生息するタイガの森を守ろう！ このキャンペーンを日本からも発信しよう」と、その夜は、トウヨウミツバチ発見の話題で盛りあがり、ウォッカもすすみました。

さて、翌日はビキン川を船でさかのぼり、タイガの森を見に行きました。ティーグルから案内役として選ばれたのは、ベラルーシ出身のニコライ・ゴルノフ氏です。

野生生物学を専攻したニコライさんは、チェルノブイリ原発事故後、危険を感じロシア極東に避難して、クラスニヤール村で仕事を見つけたそうです。以前は狩猟管理官をしていましたが、今は村の警察官で森林ガイドもするそうです。

岸に船をつけ、これがシナノキ、これがエゾウコギ、

ロシアのカーニオラン種のミツバチ

これがゴヨウマツで、この実をイノシシが食べに来る。イノシシがいる所にアムールトラもやって来る。こんな説明を受けながら森を歩きました。その時も盛りあがったのは野生のトウヨウミツバチの話題です。

「アジアーツカ（東洋種）は、この森にいる。およそ、2キロメートルから3キロメートルおきに、木のほらなどに営巣している。木の上のほうに巣をつくると、木のぼりの上手なツキノワグマが巣を襲い、下のほうに巣をつくると力の強いヒグマが木をなぎ倒して巣を襲う」という話をききました。われわれは相当数のトウヨウミツバチがこの森に営巣し、越冬していると確信を持ちました。

タイガの森フォーラムの皆さんと連携して、「トウヨウミツバチの北限、タイガの森を守ろう！」こんなキャンペーンが展開できたらうれしいです。

5　世界で広がる都市農業

2011年9月の最終週に韓国各地でテーマごとのプレカンファレンスからスタートした第17回国際有機農業運動連盟（IFOAM）の世界会議は、世界各国から1000人以上が集まり、盛況のうちに終了しました。日本からも有機農業研究会はじめ多くの発表者や参加者があり、私も9月26日に京畿道で開催された都市農業のプレカンファレンスで「ミツバチからのメッセージ」というテーマで事例報告をしました。

この会議に参加してまず驚いたことは、韓国が国として、これから韓国の農業の向かうべき道を見定めていることです。もちろん、その方向が良いかどうかは、大いに議論が必要ですが、国を挙げて有機農業の世界会議を誘致し、各会場や会議の開催地域全体で歓迎ムードを演出し、韓国農業の目指す方向を示したことに価値があると思いました。

会議では、都市農業の歴史や各国の研究事例報告がありました。まずはベルリンの研究者からドイツのクラインガルテン（市民農園）の発表がありました。ドイツでは1814年からクラインガルテンの原型が始まったそうです。それが色々な形で発展し、都市に広まっていきました。

韓国で人気の貸農園

次の発表者は、カナダから来た都市農業の研究者で、北米各地の屋上農園の事例など、都会の中心地での農園の事例を紹介しました。北米では学校や病院などの公共施設や、企業など大規模な屋上農園を持つ建築物が増えているそうです。

韓国の研究者からは、韓国の都会での貸農園の事例紹介や、ロシアからはダーチャ（簡易住宅付き自家菜園）の研究発表もありました。

近年、韓国では貸農園が大変人気だそうです。会議の翌日は、実際に貸農園の見学にも行きました。韓国の貸農園では冬に向かう季節柄、白菜をつくる人が大勢いました。また、肥料の撒き方や苗の植え方の解説があったり、トイレや休憩所、手洗いなどの水場も完備していました。とくに、スプリンクラーの散水設備がついていたのには感心しました。近くの住宅地に住む人だけでなく、車で1時間かけて来る人もいるそうです。

また、ロシアではダーチャが人びとの暮らしを支えていて、電車に乗って毎週末ダーチャに通う人が大勢いるそうです。ダーチャに行って自然や農作業を楽しむことも理由のひとつですが、買うより自分でつくるほうが経済的で、食費の出費を抑えているようです。

今回の発表の中では、ドイツのクラインガルテンや韓国の貸農園もそうですが、買うより自分で汗をかいてつくったほうが、経済的合理性にかなっているようです。もちろん、自分で農薬を使用せず生産すれば安全性にも申し分ありません。

都市農業の新たな価値

さて、日本の研究者からは、都市部での有機農業の事例や生産者と消費者の提携の事例紹介があり、その後、銀座ミツバチプロジェクトの活動報告をしました。私たちのプロジェクトの特徴は、都会でミツバチを飼ったことで、おいしいハチミツがとれて、人びとが都会の環境について関心を持ち、ミツバチを応援するために、ミツバチやほかの生きものにもやさしいオーガニックな屋上農園をつくったことです。

さらには、ハチミツ以外の農園での収穫物は、経済的合理性を持って消費されるというよりも、そこから生まれるコミュニケーションや、人と人とのつながりに価値を置き発展していること。

また、おいしいハチミツや、そのハチミツを使ったスイーツを食べることや、最近行っている「み

環境を守るという活動を紹介し、その発想は大変ユニークで新鮮だと受けとめられました。

食べ物の生産に参加することで、自然や環境の大切さを認識し、自然にやさしいオーガニックなライフスタイルを選ぶ人が増えることが、ミツバチの神様の願いではないかと発表を通して感じました。養蜂家の藤原先生も、銀座ミツバチプロジェクトを一緒に始めた田中さんも私も、今もまだミツバチの神様に踊らされているのかもしれません。

農業と向きあう

私たちが銀座でミツバチを飼う理由はなにか？　それは銀座のミツバチが都市生活者と地方の生産者との架け橋になるからです。ガーデニング愛好家をのぞいて、都会に住む人は食べ物の生産に関わり、土に触れる機会がありません。そうすると「食べ物はお金で買えば良い」と思います。

岡山県新庄村のような地方の山村に行くと、農業政策も産業政策も環境政策も福祉や教育も、みんなつながっていて、経済的な合理性は、ほんの一面に過ぎないことがよくわかります。

一方、地方の人ほど変化を嫌うことも確かです。また、都会の人の想像以上に、現在の地方の人びとの暮らしが豊かなことも事実です。豊かな現実に満足し、農業や高齢化など将来の問題に真正面から立ちむかわず、目をつぶって時を過ごそうとしているリーダーが多い気もします。

すでに紹介した韓国の向かおうとしている方向に、日本が向かうべきかどうかについては疑問はありますが、韓国は有機農業を推進し、輸出できる産業として農業を育てようとしています。その一方で、都市化と学歴社会のひずみで、日本以上に地方が疲弊しています。アメリカをはじめ多くの国との自由貿易協定は、地方の農村社会の崩壊につながりかねません。

今回、韓国の研究者たちとの意見交換の中で、「私たちは貿易で生きていくしかない。地域の農村が崩壊するのはつらいけれども、これ以外に選択肢はない」という答えが返って来ました。韓国は国内総生産に占める輸出の割合が非常に高い国です。

日本は人口減少といえども、いまだ豊かな内需があります。今こそ、都市生活者と地方の生産者が同じテーブルに着き、「農業の果たす役割」について議論し、農業に正面から向きあえば、新しい価値観の日本の農業が進むべき道が見える気がします。

今年、日本在来種みつばち養蜂講座に、ある神社の宮司さんが参加してくれました。その宮司さんが言うには、「日本のお米づくりは神事だよ。これ宗教行為なの。昔、日本に稲作が伝わったころから、水源にお社を祭り、田植えの前、農作業の合い間、収穫の後など、ちょうどそのころ各地でお祭りがあるでしょ。その時、どこでも神様にお供えするのはなに？　お米とお酒でしょ。豊作を祈願し、収穫に感謝して、自然を大切に、山や川を敬って日本人は二千年の歴史を育んできたのです」。

その宮司さんが、森の神様のお使いともいうべきニホンミツバチを神社で飼うと言います。「神社が中心となり都会でも地方でもみつばちの里をつくろう。神社は、今も昔も地域コミュニティの中心だよ」。とてもうれしい言葉でした。

6　きずなの塔を見上げて

「復興屋台村　気仙沼横丁」が２０１１年11月26日、ついにグランドオープンの日を迎えました。冬が目前に迫るこの日は、晴天に恵まれ、大勢の関係者や地元の皆さんが集まり、東京から来た応援団も加わり、盛大にオープニングセレモニーが開催されました。セレモニーのクライマックスで、「きずなの塔」に大漁旗が揚がり、みごとに風になびく姿を見た時、多くの人の目から涙がこぼれていました。

　この復興屋台村は、宮城県気仙沼市の中心部、大島行きの船が出る港のすぐそばに、プレハブの仮設商店街として建設されました。

３月11日のあの日は津波が８メートルの高さで押し寄せてきたそうです。その震災の記憶を忘れず、復興への象徴にしようと屋台村の中心に「きずな広場」をつくり、津波と同じ高さ８メートルのきずなの塔を建てました。

　この日、風になびく姿をみんなの心に焼きつけた大漁旗も、津波

きずなの塔に掲げられた大漁旗

に流され泥と油まみれだったそうです。それがみんなの協力できれいによみがえり、今日の日を迎えました。

震災の日、テレビでは各地の状況を報道していました。その中でも気仙沼の惨状は忘れがたいものです。石油タンクに引火し炎がのぼり、気仙沼湾一帯が火の海になりました。津波は、何度も襲いかかってきて、この世の光景とは思えない地獄絵のようでした。

復興屋台村オープンの日、きずなの塔になびく大漁旗を見上げた皆さんは、震災の日から今日までのことが走馬灯のようによみがえってきたことでしょう。そして秋晴れのもと、元気よくなびくこの旗に誰もが復興を誓い、希望を託したに違いありません。

仙台ミツバチプロジェクトの活躍

都市の屋上でミツバチを飼育し、そのミツバチをシンボルに「人と自然が共生する街づくり」を実践する仲間が全国にいます。

仙台市一番町商店街のテナントビルオーナーの阿部高大さん、有美さんご夫婦や元スローフードジャパン会長の若生裕俊さんもそうです。かれらが中心となり、2月に仙台ミツバチプロジェクトが発足しました。そして、発足間もない3月11日に大震災に見舞われ、屋上の巣箱も倒れてしまい、巣枠も外に飛びでてしまったそうです。

寒さが幸いして飛びだしたミツバチたちは、巣箱をもとに戻すと、また帰って来たそうです。きっと女王蜂は飛びださずに巣の中にいたのでしょう。

その後、阿部さんご夫妻は仙台を中心に炊き出しの応援など、北に南に大活躍だったそうです。そうした中、仙台ミツバチプロジェクトのメンバーの岩手佳代子さんの出身地、気仙沼にも支援に行きました。岩手さん（通称、佳代ちゃん）はフリーのアナウンサーでテレビやラジオにも出演する地元のアイドルです。また気仙沼大使として復興に尽くしています。

阿部さんたちが佳代ちゃんの地元、気仙沼の支援に行った時、「気仙沼ではみんな流されてしまって、夜、集まって飲むところがないんだ。避難所で飲むわけにもいかないし、ストレスをためている人が多い。皆が集まって飲むところをつくってくれないか」と相談を受けたそうです。

それなら居酒屋をつくって、地元の人から復興ボランティアの人まで、みんなが集まってお互いに励まし合い、情報交換もできる復興の拠点にしようと話がまとまりました。

居酒屋から復興屋台村へ

居酒屋を始めるなら、まずは場所探しです。ところが気仙沼は地盤沈下が激しく、港の周りの旧中心地南町では、建築制限のために建物が建てられません。そんな時、港の前の駐車場を市が借り上げて貸すから屋台村をやらないかという話が持ちあがったそうです。

宮城県庁にて気仙沼復興屋台村オープニングイベントの打合せ（左から、阿部さん、筆者）

気仙沼では地元の飲食店や民宿などもみんな流されてしまいました。水産加工工場などで働いていた人も工場が流されて多くの人が職を失いましたが、失業保険が給付されるのでまだましで、失業保険のない自営業の経営者は本当に困っています。

そこで、飲食店の経営者が「からだひとつで開業できる」仮設の店舗をつくり、復興の拠点にしようと、居酒屋から復興屋台村開設に大きく舵が切られました。

ちょうどそのころ、経済産業省サービス政策課が中心となり「復興関連施策フロント会議」が開催されました。ファーム・エイド銀座を応援してくれている各省庁の皆さんの顔もありました。主催者であるサービス政策課長前田泰宏さんの「ともかく復興支援プランのある方はなんでも相談してください！」という言葉に励まされ、復興屋台村の相談をしました。

同課課長補佐の安部一真さんの支援と協力で計画はどんどん進んでいきました。仮設のプレハブは中小企業基盤整備機構が用意してくれることになり、阿部さんたちの屋台村運営会社が内部の造作を行い、鍋や食器をそろえたら、被災した飲食店主の皆さんは、本当にからだひとつでの開業です。

もちろん、計画がトントン拍子で進んだわけではありません。私たち銀座ミツバチプロジェクトのメンバーが復興屋台村の予定地を視察したのは9月3日でした。そのころグランドオープンは、10月29日の予定でした。「おいしいさんまが食べられる時期にオープンしたい」というのが当初からの悲願でした。

ところがその後、建築確認の申請が間に合わない、プレハブ工事が進まないとか、出店者との調整も22店もあれば事情もさまざまです。結局、オープンの予定日を延ばさざるを得なくなり、プレオープン11月12日、グランドオープン11月26日に向けて、再調整することになりました。

そして、消防署と保健所の営業許可が下りたのがプレオープンの3日前です。そこからの関係者の苦労は大変なものでした。

プレハブの屋台村といっても、店それぞれの個性があってはじめて、来る人もハシゴしたくなる雰囲気が出ます。そのため、各店舗の内部造作も大切です。ところが、職人さんが不足していますから突貫工事でプレオープンを迎え、その後、グランドオープンに向けて準備を急いだそうです。そうして迎えたのが11月26日です。

みんなの笑顔が戻ってきた

その日はオープニングに合わせて、ファーム・エイド宮城・気仙沼も同時開催し、復興ライブや復興フォーラムが行われました。こうしたイベントが終了した後、復興屋台村に人が集まって来ました。一番にぎやかなのは阿部高大さんのいる店でした。

乾杯の一言をせがまれた阿部さんは「苦労も多かったけど、屋台村やって良かった。プレオープンの日から、何度も来てくれる人を見かけると、みんな集まって仲間と飲む場所が欲しかったんだな。みんなの笑顔が戻って来た」と、うれしそうに話していました。

まだスタートしたばかりですが、ここが地元の人やよそから支援に来た人、観光に来た人など、みんなの集う場所になり、そこかしこで笑顔が見られる場所になることを願い、もう一度きずなの塔を見上げました。

7 屋上農園がつなぐ銀座と地域の絆

身が引き締まるような寒さの冬晴れの朝、銀座五丁目白鶴酒造屋上の天空農園に人が集まりだしました。エレベーターを降りた7階の受付で笑顔で迎えてくれたのは着物姿のクラブ稲葉のママ、白坂亜紀さんです。この日は、スーツ姿や大きなカメラを持った取材の人も大勢集まっていました。

12月17日は、福井県の西川一誠知事が天空農園に来て、福井県特産の「勝山水菜」の苗植えを行う日です。知事が参加する行事のため、福井県農林水産部や東京事務所の職員は朝早くから準備を進めました。予定どおり知事も到着し、11時から苗植え式の開始です。

西川知事とともに苗を植えるミツバチプロジェクトメンバーとGSK緑化部の皆さん

北風が吹く中、知事の挨拶から始まり、勝山水菜の由来と栽培の特徴、苗を植える手順について担当者から説明を受け、いよいよ苗植えです。植える人よりも撮影する人の方が多いくらいでしたが、いつもと少し違うのは撮影が終わった後も、西川知事が黙々と苗を植えていることでした。

天空農園長の小田さんの確認が終わると、苗植えは完了です。最後まで苗を植えていただいた西川知事に感謝すると同時に、この苗が立派に育ち、収穫できることを祈りました。

この日は、今回で3年目になる福島市荒井地区の皆さんとの「菜の花交流イベント」も開催しました。銀座の各ビーガーデンに苗を届けた後、松屋銀座屋上での苗植え。その後は、福島市荒井地区の食材を食べる交流会。手打ちそばに、福島の地酒を楽しみました。

屋上農園（銀座ビーガーデン）の活動も5年目になります。その中でも２００７年から一緒に活動しているのが松屋銀座と白鶴酒造です。現在、私たちと連携する銀座ビーガーデンは10か所になりました。２０１２年の春には福島から贈られた菜の花が一斉に咲き、そこにミツバチたちが遊びに来ます。

連携進む銀座の屋上

ファーム・エイド銀座で連携が始まった地域の農産物を、２００９年から屋上で育てるようになり、はじめに取り組んだのが新潟市でした。「自慢の黒崎茶豆を銀座の屋上でぜひ育てたい」という新潟観光コンベンション協会担当者の熱い思いから実現しました。

新潟から茶豆生産者や、篠田新潟市長も参加して、盛大に苗植え式を行い、新潟市から提供された４００本の黒崎茶豆の苗はみごとに育ち、８月には白鶴酒造の天空農園で収穫祭を行いました。松屋銀座にお願いして、収穫した茶豆でマカロンもつくってもらいました。

その秋に相談を受けたのが福島市の菜の花です。福島市荒井地区では耕作放棄地の有効活用で菜の花を植えています。それも食用油をとるための品種、アサカの種を蒔いています。

春に菜の花が咲いて、ミツバチが花粉や蜜を集めた後は、ミツバチが受粉した種をとって、その種を福島に送り、福島でとれた種と一緒に絞る「銀座×福島」の菜の花オイルをつくろうということになりました。

この銀座×福島菜の花プロジェクトはみごとに実現し、2年目の夏は、銀座から観光バスで菜の花の種蒔きに福島へ行き、12月には育った苗を福島の皆さんが届けてくれました。東日本大震災にも負けず3年目の菜の花交流も実現しました。

ファーム・エイド銀座出店の様子

2011年には新しい地域の皆さんとの連携が進みました。それが大分県竹田市と徳島県阿南市との連携です。竹田市はカボスの産地、また阿南市はスダチの産地です。今までは、「サンマには、スダチだ!」「いやいや、カボスのほうが合う!」と競合関係で決して手を組むことがなかったそうです。ところがファーム・エイド銀座が取りもつ縁で白鶴酒造天空農園に、カボスとスダチを一緒に植えることになりました。

10月2日のファーム・エイド銀座開催時に、竹田市長と阿南市長も参加しての合同の収穫祭が実現しました。さらに「目黒さんま祭り」では、カボス、スダチにお世話になっているということで、気仙沼市の皆さんもサンマを届けに来てくれました。三つの地域と銀座が加わった合同交流会が白鶴酒造天空農園で行われました。

カボスやスダチをたっぷりかけた焼きたてのサンマ。そこに銀座社交料飲協会緑化部の協力で、カボスやスダチの日本酒カクテルも振るまわれました。そして竹田市長と阿南市長が握手し、「これからは、カボスダチで仲良くやっていこう」という話で花が咲きました。

銀座三越テラスファームの取り組みも、茨城県稲敷市の田口久克市長が銀座に来て「茨城特産のサツマイモやレンコンを植えたらどうだろうか」という話から実現したのです。

２０１１年は茨城県笠間市の皆さんが、笠間市の栗を焼き栗にしてファーム・エイド銀座で販売し、松屋銀座にあるレストラン「イプリミギンザ」では、10月から12月まで笠間の栗のリゾットを出してもらいました。山口伸樹市長から「銀座に栗の木はどうですか」と相談されましたが、さすがに栗を屋上に植えるのは危険なので植える場所を検討中です。

さらに、銀座で何度も震災復興フェアを開催した福島県須賀川市からは「銀座で須賀川の牡丹を植えられないか」という相談を受けています。

こうした地方自治体からの相談が急に増えた理由のひとつは、地域の皆さんの誰もが「あこがれのまち、銀座とつながりたい」という思いを持っているからではないでしょ

白鶴酒造天空農園で黒崎茶豆の手入れ

か。

そして受けいれる銀座側にも「地域を応援することで、お互いに元気になろう」という思いが生まれ、さらに、食べ物を生産することの大切さを屋上農園で学び、生産者を温かく受けいれる気質が育まれてきたのだと思います。街の懐が深くなった気がします。

銀座に注目する知事

先に紹介した福井県の西川知事以外にも銀座の屋上に注目している人がいます。それは、茨城県の橋本昌知事です。茨城県は震災復興の拠点とするため、銀座にアンテナショップを期間限定でオープンしました。そのオープニングセレモニーの応援に駆けつけた白坂亜紀ママの「私たち屋上で農作業しています」という言葉に橋本知事が反応し、「茨城はブルーベリーの産地です。ブルーベリーなら屋上でも育てられるし、収穫したら皆さんのお店でもデザートに出せますよ」ということで話が進みました。

その後、茨城県で一番のブルーベリー生産者、かすみがうら市の坂尚武さんに県の担当者が話を持ちかけ、苗を分けてもらえることになりました。坂さんは約6ヘクタールの畑で農薬を使用せずに生産しています。その苗を11月28日、コートヤード・マリオット銀座東武ホテルで開催した「いばら

いばらき食彩フェアのオープニングに茨城県の橋本昌知事よりブルーベリーの苗が贈呈される

き食彩フェア」のオープニングセレモニーで、橋本知事から銀座社交料飲協会（ＧＳＫ）の橘高圭副会長に贈呈されました。２０１２年の夏には、茨城から贈られたブルーベリーが屋上で収穫できるでしょう。

茨城県では、首都圏の料理人やシェフを通して県内の希少食材・優良食材ブランド化を目指しています。そこでまず銀座に注目してアンテナショップをオープンし、銀座で「いばらき食彩フェア」を開催しました。今後も銀座とのさらなる連携が期待されます。

いばらき食彩フェアの応援に来てくれたGSKのバーテンダーとママたち

８　武道と農業とミツバチ

上野駅から常磐線に乗って車窓を眺めていると、都心のビル街から都市近郊の住宅地、そしてのどかな農村へと景色がどんどん変わります。平地がつづく茨城の農村風景は四季折々に表情が変わり、眺めていると癒されます。

そう言いながらも土浦のレンコンの水田が見えるころから少しずつ気持ちが高まり、羽鳥駅を過ぎ、愛宕山が見えると少し緊張します。

かつて学生時代、合気道の稽古に東京から茨城県西茨城郡岩間町（現笠間市）の合気道茨城修練道場に通っていました。とくに学生時代、夏休みや冬休みには、内弟子として道場に泊まりこみ斎藤守弘師範の指導を受けました。

合気道開祖の植芝盛平先生から、体術だけでなく剣や杖の武器技も伝授された斎藤先生の道場には、世界中から弟子が集まってきます。その道場での泊まりこみの稽古でしたから、電車が岩間駅に近づくにつれ緊張が高まっていった当時の記憶がよみがえってくるのです。

2012年正月の鏡開きで奉納演舞を行う斎藤師範

世界平和を願う心

さて内弟子修業の朝は農作業から始まりました。目が覚めると草刈り機のエンジンの音がきこえます。夏は朝5時前には斎藤先生が農作業を始めますから、眠い目をこすり「先生、お手伝いします」と言いながら走っていくのです。「おう、来たか。刈った草を畑に広げてくれ」「はい!」と返事をして仕事に加わります。作業は1時間ぐらいで終わり、道場や神社の掃除をして、7時から武器技の朝稽古でした。

そのころは、なぜ先生が朝早くから農作業をしていたのか深く考えたことはありませんでしたが、時折、先生から開祖も畑仕事が好きで、いつも斎藤先生や奥様がお手伝いしていたという話をききました。

農作業の合間に斎藤先生が開祖植芝盛平先生に入門した時の話をうかがうと、若いころの斎藤先生は常磐線沿線で「モウチャン」というあだ名で、暴れん坊のあいだでは知らない人はいなかったそうです。その先生が岩間に合気道のすごい先生がいて相当強いらしいという噂をきき、「俺も合気道を習ってもっと強くなろう！」と、意を決して入門を願いでたそうです。

斎藤先生が「入門をお許しください」と言うと、開祖は「お前は、合気道を習って世界平和のために尽くせるか」と問いただしたそうです。斎藤先生は「世界平和と言われてもなにができるかわからないけれど、『はい』と言わなければ入門を許されないのなら『はい』と言うしかない」と思い、「世界平和のために尽くします」と答えたそうです。

斎藤先生はその当時を振りかえりながら「あのころは、世界平和といってもよくわからなかったが、今、この道場には世界中から合気道を習いに若者がやって来る。彼らは、それぞれの国に帰って指導者になる者ばかりだ。合気道の心を伝えることで世界平和の役に立っているのかもしれない」とおっしゃいました。

その斎藤先生は合気道指導の功績でハワイ州知事やアメリカ大使館からも表彰され、海外でも高く評価されています。

武産合氣

合気道は武道ですが、岩間の合気道は神事としての植芝先生の教えを受けついでいます。植芝先生は岩間町吉岡の地に合氣神社を祀り道場を建てました。

斎藤先生の後を継ぎ岩間合気道を守る岩間神信合氣修練会会長の斎藤仁平師範は「開祖は稽古の時、よく祝詞を奏上した。みんな両手をついて頭を下げてきいているのだが、そのころは子どもだったから、あまり長いのでつい居眠りをしてしまったこともあった」と話してくれました。

明治に生まれ、戦中、戦後を生きぬいた植芝先生は神様を祀り、神事としての合気道を授かり、世界平和を祈っていたのではないかと思います。こうした考えは山や川などの自然に神性を見いだし、社を祀って集落をつくり、稲作を中心にした農業社会をつくってきた日本人の根本ではないかと思います。

日本の皇室の行事でも、秋の収穫を祝い感謝する新嘗祭はもっとも大切な行事です。大地や太陽、そして水の恵みに感謝し、種を蒔き、育て、収穫する文化にこそ世界平和を実現する思想哲学があると思います。岩間神信合氣修練会は武道を通して世界にこの考えを広めています。正月の鏡開きの折、斎藤仁平師範は毎年、神職の方をお呼びし祝詞を奏上します。その祝詞には世界平和への願いも込められているのです。

みつばちの里づくり

学生時代から茨城県岩間町の道場で修業し、なにかこの地で役に立てることはないかと思ってきましたが、ようやくそれが叶いました。岩間の中でもおいしいお米が収穫できることで知られる上郷地区の米生産者の皆さんと一緒に「みつばちの里づくり」が始まったのです。ミツバチは、他の命を奪うことなくおいしいハチミツを集める素晴らしい生きものです。そのため、キリスト教の聖書や、イスラム教のコーラン、仏教の経典でもミツバチやハチミツについて触れられています。

生きもの調査でみつかったタイコウチ

笠間みつばちの里の田んぼの生きもの調査

ですがそのミツバチは、周りの環境に影響されやすいとても弱い生きものなのです。働きバチの一生は、卵で生まれて幼虫から蛹、羽化するまで約3週間かかります。ミツバチになってからはおよそ30日から40日という短い一生です。そのため人間のようにけがをしても治すという機能は持っていませんし、農薬などの影響も大変受けやすい生きものです。

さて、最近農薬の影響で田んぼのホタルやトンボ、カエルなどの数が急激に減ってきていると、田んぼの生きもの調査活動をしている皆さんからもきいています。そこで「今の農村の環境を保全するだけではもう手遅れだ」「生きもののすめる環境をもう一度つくろう！」と立ちあがったのが「みつばちの里づくり」でした。

みつばちの里では実際にミツバチを田んぼのそばの里山で飼い、ミツバチやほかの生きもののために農薬を極力減らした農業を行い、その地域の環境を良くしていきます。

さらに、ミツバチ見学会や田んぼの生きもの観察会、ホタル観賞会などのイベントを通して、地域の非農家の人や都会に住む人にも田んぼに足を運んでもらい、食べ物をつくる現場を見て、自然を守り、次の世代に伝えることの大切さを感じてもらいます。

そうした中で農家の皆さんと、ほかの皆さんをつなぐ役目がミツバチです。ミツバチはハチミツを集めるだけでなく人と人とをつなぎ、無から有を産む力を持っていると思います。武道と農業とミツバチと、一見するとなんのつながりもないように見える三者がひとつになりました。

鏡開きの折、ロシアから修業に来ている人と話す機会がありました。彼は、ハバロフスクとウラジオストックとソウルで合気道を教えているそうです。私が、ハバロフスクからビキン川流域のクラスニヤール村に行ったことを話すと大変喜んだのと同時に、その目的が「ミツバチ」だと聞いてひとしきり驚いていました。そして「今度、ロシアに来る時は連絡をくれ。なんでも協力するから」と言ってくれました。こうした世界の人との顔の見えるつながりの輪が、世界平和実現への大きな力になると信じています。

9　東日本大震災の日

東日本大震災から1年半が過ぎました。あの日、自分がしていたことを折に触れて思いだしている皆さんも多いことと思います。私はあの日、杜氏の田沢勝さんの招きで、2011年の交流プログラムの企画と「冬の銀座×村上交流ツアー」の実現に向けての下見を兼ねて、新潟県村上市の大洋酒造を訪れていました。

田沢さんは以前、銀座ミツバチプロジェクトと新潟市、佐渡市、村上市の交流事業「トキ×ミツバチ応援プロジェクト」で銀座を訪れた時、自分で栽培している酒米の「五百万石」や「越淡麗」の稲を銀座で稲架掛け（刈り取った稲を天日で乾燥させる）をして、都会の人に自然や農業を知ってもらいたいと思ったそうです。その夢は２０１０年９月に、45日間になんと３種類もの稲を銀座で天日干しにして叶ったのです。

地震は蔵を案内してもらっている時、ちょうど麹室を出たところで起こりました。かなり大きな揺れで、それが一時おさまり、余震はまだつづいていましたが、「危険なので駐車場に出ましょう」という田沢さんの指示で外に行きました。

蔵で働いている方は「新潟地震（１９６４年６月16日）の時はすごい揺れだった。地面が縦に揺れて立っていられなかった。その時と比べたら、たいしたことないさ」と。そうなのかと思いながら話を聞いていると、揺れも落ち着いてきました。

駐車場から戻り、大洋酒造の研究室に案内されてすぐに「高安さん、東京も地震の被害がすごいらしい。必要なら電話を使ってください」と田沢さんから言われました。携帯から東京の会社に電話するともちろん通じません。研究室の固定電話を借りて何度目かにようやく会社に連絡がつき、外出している社員も含め、安否確認を指示しました。テレビを見せてもらうと皆さんが知っている地獄のような映像ばかりが映しだされていました。

その後、ふたたび電話を借りて社員への帰宅指示や家族との連絡も取れました。これも大洋酒造を訪問していて、固定電話をお借りできたからだと思います。大洋酒造の皆さんの親切に感謝しました。

震災の日の約束

その夜、本当はトキ×ミツバチ応援プロジェクトの関係者が集まり交流会を予定していましたが、そういう状況ではなく、われわれも「明日どのようにして東京に帰ろうか」と思案していました。そんな時、田沢さんが「ご家族や会社の皆さんは大丈夫でしたか。一緒に飯でも食べましょう。何人か仲間も来ますから」と、アグリクリエイトの社員で、村上市出身の伊藤仁君と伊藤君のお父さんも来られました。

「高安さん、これに懲りず来年はぜひ銀座の皆さんを連れて来てください。やはり来るなら2月、雪の時期ですね。高根では2メートルぐらい雪が積もりますから、雪中貯蔵体験やソリ遊びもできますよ」と、冬の村上のことを教えてくれました。

時間があればスノーモービルに乗って山にも連れて行きたいとか、山小屋があるからいつか泊まりに行こう。みんなでイノシシ鍋を囲んでお酒を飲みましょう！　と、だんだん夢のような話になっていきました。しかし、楽しい時間は一瞬で過ぎていきます。「来年は必ず仲間を連れてくるから」と、その日はお開きになりました。

次の日は上越新幹線の復旧を待たず、伊藤君のお父さんに関越道で練馬まで送ってもらい、帰ることができました。そして今年、田沢さんとの約束が果たせたことがその時の恩返しのような気がしています。

今回のツアーのテーマは新潟の食文化「麹文化」です。ツアー開始前の1月18日に「第8回銀座新潟塾」を開催し、事前情報も得ました。田沢さんのほか、麹専門店の古町糀製造所の葉葺正幸さん、どぶろくづくりの高根醸造場の鈴木信之さんが銀座に来て、新潟に根ざした発酵食品文化をそれぞれの専門分野から話してくれました。

シンポジウムの後は、鈴木さんのどぶろくや田沢さんの大洋盛を飲みながら、村上地方の食材での交流会を楽しみました。酒浸しの鮭をかじり、どぶろくを飲めば、雪の村上地方が見えてくる。そんな気がしてきて、２月４日のツアー初日を迎えました。

雪の歓迎

今年の新潟は例年より雪が多いと聞いていましたが、そのようです。「新潟の冬と食文化を感じるツアー」というタイトルで、２０１２年２月４日から５日にトキ×ミツバチ応援プロジェクトツアーを実施しました。１日目は新潟市、２日目は村上市を訪問します。トンネルを抜けると雪国で、新幹線が越後湯沢駅を過ぎるころには一面銀世界です。

新潟駅に着くと在来線の特急電車は吹雪のため運休で、復旧の見込みはありません。私たちは迎えのバスに乗りこみ、最初の目的地の新潟市食育・花育センターに向かいました。

そこでは、ちょうどバレンタインデーのイベントが開催されていて、新潟市長の篠田昭さんに「雪も皆さんを歓迎して

諸橋弥次郎農園のイチゴ栽培ハウスを見学

います」と出迎えられました。

その後向かったのは諸橋弥次郎農園です。諸橋さんはお米やイチゴを無農薬で栽培しています。今年は叶いませんでしたが、今度イチゴの受粉用に銀座のミツバチを貸して、銀パチ×新潟イチゴができたら面白い。そんなことを考えながら、イチゴのハウスを見学しました。

その日は大雪で、子どもたちは雪に飛びこんだり、雪合戦に興じたり大はしゃぎです。夜は、角田浜のワイナリー「フェルミエ」で、カモ料理とワインが待っていました。オーナーの本多さんは、新潟の海の幸、山の幸とワインでいつも迎えてくれるのです。

雪中貯蔵酒

私たちはフェルミエを訪れて、本多さんご夫妻と今年のワインの出来や旬の食べ物の話をワイングラスを傾けながら聞くのを楽しみにしています。雪が少ないはずの海岸沿いのワイナリーですが、この日は一面雪景色でした。

ワインのためのブドウづくりに合った角田浜を日本のナパバレーのようなワインの産地にしたいというのが本多さんの夢です。そうなれば、いいえそうならなくても、ワイン好きの私は毎年訪れることでしょう。野ガモのコース料理と3種類のワインを楽しんでから新潟市内のホテルに戻りました。

2日目に訪問した村上地域の日曜の朝は、そこかしこの家で雪下ろしをしていました。1メートル以上の雪が屋根に積もっています。バスが高根地区に入ると積もった雪は人の背丈以上にもなります。

高根地区は遠くに朝日連峰がそびえ、四方を山に囲まれた緑豊かな集落です。もちろん、今は一面銀世界。雪中貯蔵体験では、雪の室の中に、蕎麦、どぶろく、清酒などを貯蔵し、朝早くから地域の皆さんが集まり準備をしています。

バスが会場に着くと、いつもと変わらぬ笑顔の田沢さんと鈴木さんが迎えてくれました。田沢さんに「銀座の仲間を連れて来たよ」と言うと、「待ってました！」と握手をかわし、1年前の約束を果たすことができました。

それにしてもみごとな雪でした。今回は小学6年生の娘を連れて行きましたが、大喜びで、何度も雪に飛びこんでいました。また、雪の中で飲むどぶろくは最高でした。今回のツアーでは雪中貯蔵したお酒が後日送られてくることになっているので、それも楽しみです。高根の後は、大洋酒造に向かいました。蔵を案内してもらい麹室の前に来た時、1年前の記憶がよみがえってきました。

東日本大震災から1年が経ち、被災地域の人はもちろんですが、そうでない人も生活の中でいろいろな変化があったのではないでしょうか。

また、それに応じて人びとの価値観も少し変わったように思います。強い者が勝つグローバルスタンダードの時代から、人と人との絆を大切にし、多様性を認めることに価値を見出す時代が来たのではないでしょうか。雪深い村上で人のぬくもりに触れ、そんな気がますますしてきました。

10　みつばちの里づくり協議会

「人と自然が共生できる社会をつくる」ことを仕事にできないかと考えはじめたのが、大学3年の時でした。ヨーロッパや北アフリカなど約4か月間自由に旅をして、街のつくり方で「自然と人間」の関係を考えるようになり、政治思想史のゼミの教授から自然と共生する文化について学びました。

本来、私たち日本人には「人と自然の区別」がなかったようです。人も山や川と同じように自然の一部であり、そこに神性を見出し、自分のことのように自然を大切にしてきました。明治になってnatureの訳として「自然」という語が使われるようになったそうです。

しかし我が国でも明治以後、「富国強兵、殖産興業」の方針のもと、産業の育成が自然保護より優先され、その後、戦後の経済発展の時代に移るとますます自然破壊が進みました。森を切り、山を削り、海を埋めるなどの土木建築的な破壊だけでなく、工場や農薬・化学肥料による化学物質の汚染も進みました。

その結果、トキが絶滅し、何度も繰り返し言っているようにホタルやカエル、トンボなども急激に数を減らしています。もちろん、私も二十一世紀の豊かな暮らしを享受しているひとりですから、経済発展を否定するわけではありません。

しかし、地球規模から私たちが暮らす都会の近くの里山まで環境破壊が問題になっている以上、できることから始めたいし、仲間も増やしたいと思います。そうした思いが銀座で農業、銀座でミツバチを始める動機となりました。

そして現在、農業者が自分の畑や田んぼのそばでミツバチを飼育し、農薬を極力使わないミツバチや環境にやさしい農業を実践し、できた農産物を自然や環境保護に関心のある都会の消費者が買い支える仕組みをつくる活動に力を入れています。

この「みつばちの里づくり」プロジェクトは、平成22年度の総務省の助成事業を受けて、岡山県の新庄村と栃木県の茂木町で動きだしました。その後、茨城県や地元自治体の支援を受けて「茨城みつばちの里づくり協議会」の支部として、「大子町《だいごまち》みつばちの里づくり協議会」「笠間市みつばちの里づくり協議会」「稲敷市みつばちの里づくり協議会」が立ちあがりました。

昨年11月に開催されたファーム・エイド銀座２０１１では、みつばちの里のシールを貼ったお米が展示され、多くの来場者の関心を集めました。自分の健康のために農薬や化学肥料の使用を減らした農産物やオーガニックの物を買う消費者は増えています。

これからは「自分や家族の健康を守ることはもちろんだけど、ミツバチやホタルやトンボ、カエルなどの生きものや自然を守るために食べ物を選ぶ」ようになっていくと確信しています。

ファーム・エイド銀座 2011 での大子町の出店

大子町の味を届ける

昨年、茨城県大子町で農薬を極力使わない米づくりを実践するグループのリーダー谷田部《やたべ》好三さんから、銀座八丁目新橋会館の芸者さんたちに「奥久慈恋しぐれ」の苗が贈られました。谷田部さんの田んぼは茨城県の観光名所、日本三名滝のひとつ袋田の滝の上流にあります。四方を山に囲まれたのどかで美しい里山です。およその山に囲まれた一帯を谷田部さんが管理し米づくりに励んでいます。

大子町は茨城県の中でも北西に位置して、関東平野の一部である県南部とはまるで別な場所です。硬い岩盤の山で囲まれている大子町は、久慈川やその支流の川に沿って街がひらけています。車で行っても電車で行っても常陸太田市をすぎて、大子町に入るころには景色もがらりと変わります。久慈川の流れと山々の緑に目をやると、心の奥底から癒されていきます。

大子町との交流が始まったのは、2007年の銀座食学塾「いばらき海の幸、山の幸の饗宴」からです。大子町と都会の交流をライフワークにしている茨城県庁職員谷田部嘉《よしみ》さんと「大子のばあちゃんたちの手料理を銀座の皆さんに食べてもらおう」と意気投合しました。

それから何度も打合せをし、「当日は、ばあちゃんたちも連れてくっぺ。山菜だけじゃつまらないからイノシシや奥久慈シャモもいいんじゃないか。刺身コンニャクや刺身ゆばもあるよ。米もうまい」と話はどんどん盛りあがり、北茨城市に仲間もいるからアンコウ鍋はどうかと、海の幸、山の幸の饗宴になりました。

当日は谷田部さんのお母さんも含め大子町からおばあちゃんたちが来てくれました。大子のお酒や地ビールを持参し、自慢の山菜料理、猪鍋、奥久慈シャモの焼き鳥など大子の食を振るまってくれました。

都会ではおいしい山菜料理を食べる機会がないのでみんな大喜びです。「この人参も大根もゴボウも、みんなオレの畑でとれたものだよ」と言って料理を取りわけてくれるおばあちゃんが人気者になりました。

谷田部さんは「ばあちゃんたちの料理がこんなに受けるとは思わなかった。ばあちゃんたちも大喜びだよ」と言ってくれました。その時、谷田部さんへのお礼の言葉と前後して出たのが「今度、銀座に大子のおいしいものを売りに来てください」でした。

そして次の年にそれは実現し、早くも谷田部さんは、ファーム・エイド銀座の応援に来ていた銀座社交料飲協会の飲食店経営者やクラブのママ、バーテンダーたちの心をつかんだようです。「どうやら大子町にはおいしいものがあるらしい。一度行ってみたいわね」という話が早くも出始めていました。

谷田部さんに誘われたこともあって、バータ凪のオーナーバーテンダーの神木俊行さんが大子町に行きました。それから具体的に地ビールの仕入れも始め、大子の宣伝マンになりました。

カクテルを作る神木バーテンダー

そこで茨城県庁農林水産部や大子町農林課に「大子町の農産物のPRになるから」とお願いして、銀座の飲食店関係者による「食材探しの旅ｉｎ大子」が実現しました。

この時、銀座ミツバチプロジェクトに「養蜂と有機農業をやりたい」と養蜂を学びに来ていた龍田尚人君を谷田部さんに紹介すると、龍田君は谷田部さんの支援を受けて大子町で米づくりを始めました。

龍田君の話をきくうちに谷田部さんもミツバチに興味を持ったようで、「昔から大子の森にはニホンミツバチがいた。ニホンミツバチなら面白そうだ」と、一気に思いがふくらんで「大子町みつばちの里づくり協議会」に発展しました。

ミツバチが環境を守るシンボルに

観光地である袋田の滝の上流で米づくりをする谷田部さんは「多くのお客さんが来てくれる袋田の滝がある大子の自然を守らなくてはいけない。最近、耕作放棄地も増えてきたので、そこに菜の花を植えたら景観も良くなるし、蜜源にもなる。将来、菜の花やミツバチを見に観光客が来てくれたらいいな」「お客さんたちに、オレのつくった奥久慈恋しぐれを食べて大子の自然を感じてもらいたい」と話しています。

先日、大子町を訪問したとき泊めていただいたのが、谷田部さんがお米を納めている湯宿「豊年万作」でした。そこの女将さんも「できるだけ地元の食材を使いたい」と言っていました。

次の日、ホテルの駐車場で観光キャンペーンが開催されていて、谷田部さんの奥久慈恋しぐれのおにぎりも振るまわれました。地元の観光関係者や都会からのお客さんに「みつばちの里」の話が拡がり、みつばちの里が観光資源になれば、さらに多くの仲間が増えると思います。

ミツバチが環境保全のシンボルとなり、その農産物を買うことで都会にいても地域の自然や環境を守る活動に参加できる仕組みをこの大子町で実現させるつもりです。

新橋芸者と奥久慈恋しぐれ

銀座ミツバチプロジェクトを一緒に進めている田中淳夫さんが、ある宴席で新橋芸者さんに銀座の屋上でミツバチを飼っている話をすると、その芸者さんが「田中さんがミツバチを飼って環境にやさしい街づくりをしているのと同じように、私たちも新橋会館の屋上で稲を育てているの」と言うのです。新橋芸者の皆さんはお正月に「東をどり」を踊るそうですが、その時つけて踊る稲穂の髪飾りは自分たちで育てた稲でつくるのです。

新橋会館の屋上で苗を植える新橋芸者の方々

田中さんは屋上でミツバチを飼っているだけでなく、新潟や福島、茨城に行き、そこでの生産者との交流や苗をもらい銀座の屋上で育てている話をしました。そのあいだ芸者さんは真剣にきいていたそうです。そこで「来年は僕が地域の方から丈夫な苗をもらってくるから、屋上で育ててみたら」と提案すると、「ぜひ、お願いします」と言われたそうです。

そして、田中さんから「どこか良い苗をくれる生産者はないだろうか？」という相談を受けました。そこで、コシヒカリはどこにでもあるのでもっと地域性が出て、新橋芸者さんに相応しい苗はないかと思いだしたのが谷田部好三さんの「奥久慈恋しぐれ」です。

もともと「恋しぐれ」は「つくばＳＤ」というコシヒカリから分かれた新品種です。私の勤めるアグリクリエイトの農業振興事業部でも生産していて、その品種を大子町の米生産者の谷田部さんが、奥久慈恋しぐれという地域ブランド名をつけて生産販売しています。田中さんに奥久慈恋しぐれはどうかなときくと、いい名前だと話は進みました。

翌年、検番の屋上に奥久慈恋しぐれの苗が贈られました。苗植えには私や田中さんのほかに、銀座の屋上で米づくりといえば、一番に名前の挙がる白鶴酒造天空農園長の小田朝水さんも駆けつけてくれました。そして芸者さんたちと白鶴さんからいただいた樽に苗を植えました。

また、そんな話が茨城県庁農林水産部や大子町役場にも伝わり、大子町認定農業者の研修先が銀座の屋上に選ばれました。役場農林課の担当者から「認定農業者の研修で銀座の屋上農園を見てまわりたいのだが案内してもらえませんか」と相談を受けた時は驚きました。認定農業者の研修が銀座の屋上でいいのかと普通は思いますが、それには理由がありました。

まずおくった「奥久慈恋しぐれ」の生育状況を見たい。それに銀座には茨城県のアンテナショップ「黄門マルシェ」もある。また、新潟や福島などからも苗がおくられているので、屋上が地域の情報発信場所になっていることもあり、ぜひ何か所か屋上農園も見学したいなど、それらが銀座を研修先に選ぶ理由でした。当日は副町長をリーダーに認定農業者の皆さんが銀座に来て、屋上の稲の生育状況を見ていきました。

小田さんやプロジェクトの農園担当スタッフも時々生育を確認しに行くなど、多くの皆さんに見守られて育った稲が収穫を迎えるころ、誰からともなく、一緒に苗を植えてくれた芸者さんたちを呼んで宴席を持ちたいという話が持ちあがりました。しかし、通常銀座の料亭に芸者を呼んで宴会をするとひとり花代込みで5万円ぐらいが相場。ここが思案のしどころです。

銀座「花蝶」で新春を祝う会

検番屋上での奥久慈恋しぐれの収穫も無事に終わり、今年も稲穂で髪飾りがつくられました。田中さんとも「芸者さんを呼んだ宴会どうしようか」と話は出ますが、さすがに5万円出せる人は少なく、人が集まらなければ花代の人数割が一層厳しくなるので一向に進みません。

そんな時、田中さんから「花蝶の鈴木社長に相談したら、花代入れて3万円で納めてくれるそうだよ」という有難い話が出ました。関係者に相談すると3万円ならなんとかなりそうだという答えが返ってきました。

そこで花蝶さんにお世話になり「奥久慈恋しぐれ、新春を祝う会」を開催することになりました。「ホントに芸者呼んで宴会するの？」と言う人もありましたが、そこは人の縁を大切にする私たちです。「せっかくできた大子町と新橋芸者の縁だから、これからもっと発展させたい。だからこんなお遊びもやるんです」と言いきりました。

もちろん進行中のみつばちの里づくりにも大きく関係します。新橋芸者が大子のみつばちの里プロジェクトを応援してくれると大きな力になりますし、みつばちの里では収穫したお米をお酒にして返す「田んぼのオーナー制度」も検討していました。

宴会当日は、大子町からは奥久慈シャモ、常陸大黒、刺身コンニャク、刺身ゆば、豆乳などの食材がおくられてきて、地元食材を使った料理が用意されました。また、地元茨城の月の井酒造店の坂本敬子さんも駆けつけてくれて地元のお酒で乾杯です。

大子町からは谷田部さんなど生産者だけでなく副町長も参加し、茨城県関係者や茨城新聞東京支社長、スローフード関係者にも声掛けしましたので仙台からも仲間が来てくれました。

いよいよ踊りの披露です。踊り手が4人、三味線に歌い手、太鼓は花蝶の女将さんが担当しました。余興の後は芸者さんも入っての宴会がつづき、芸者さんたちの「大子町で本場のお米の収穫を体験してみたい！」という話に盛りあがりました。

11　農で地域を発信する

銀座の料亭での大宴会まで実現した大子町との交流は、昨年1月、9月、11月と3回の生産者訪問を目的としたツアーに発展しました。銀座の飲食店経営者や都内の料理人、メディア関係者に声を掛けて、回を重ねるごとに大子町の魅力が見えてきましたし、都会の感性に共感するところはどこかということも少しずつわかってきました。

言い方は悪いですが、地元の皆さん中心で訪問内容をアレンジすると「あれも見せたい、これも見せたい」となりますし、行政が視察先を選ぶと「いつもなんであそこだけが」という不満が地元から出るのを避けるため視察先を公平にし、変化が生まれません。そうするとどうしても参加者からは「こんなもんか」と言われます。

そうした経験から3回目のツアーは、かねてから注目していた料理屋さんに、地元食材を使った料理ですべてやってほしいと注文しました。「刺身は、もしあれば地元産の川魚、なければ刺身コンニャク、刺身ゆばでお願いします。マグロはやめてください」と。

皆さんも、よく山間地の温泉旅館に行ってマグロの刺身が出てがっかりしたことがあると思います。それを地元の人に話すと「こちらの人は宴会にはマグロを出さないと叱られる。コンニャクだけでは物足りないから」と言う。「でも、今回は刺身ゆばや刺身コンニャクだけで良いです。その分上質の物を出してください」。こんなやり取りをしながらメニュー選びをしました。

大子には奥久慈シャモがあり、各自にひとり用のシャモ鍋がつきます。天ぷらは地元特産の凍みコンニャクのてんぷらや地の野菜。また、揚げたゆばにくるまれた地元野菜のサラダ、それに特産の常陸秋そば、ご飯はもちろん谷田部さんの奥久慈恋しぐれ。デザートは常陸大黒のお菓子。お酒は地元の造酒屋家久長のもの。すべて顔の見える地元生産者の素材をいかした料理です。

ツアーの参加者の中でもこの食事をとくに喜んでくれたのは、築地場内で海鮮丼やうなぎ、焼き鳥などを出している米花の二郎さんでした。二郎さんの店は台湾や香港のお客さんがたくさん来るほど雑誌やアニメの本でも紹介され、その雑誌や本を持って米花に直行する人も少なくないそうです。

築地の飲食のプロである二郎さんに「高安さん、今日の料理は良いですね。地域色が良く出ている。

私のところには台湾のお客さんが多く来るけれど、このシャモの出汁きっと好きですよ。凍みコンニャクの天ぷらもうまいし、そばもうまい。こんなにおいしいものが出るとは期待していなかった。外国の旅行会社と組んで、ＰＲしたらいいですよ」。こんなお褒めの言葉をいただきました。その後、築地の二郎さんの店に何度かお邪魔して、海外の皆さんへのＰＲを一緒に考えてもらっています。

大子町のみなさん

大子町の魅力とは

なぜ、白坂亜紀ママはじめ、銀座の一流クラブや料理屋経営者、神木バーテンダー、米花の二郎さんほか、飲食業の皆さん、そして新橋芸者の皆さんが大子町に心惹かれるのでしょうか？　一番の理由はやはり魅力のある地域だということにあります。首都圏に近い茨城県の中でも福島県や栃木県の那須高原に近く、茨城県の中でもリゾート地のような場所だからです。

清流久慈川が流れ、袋田の滝がある観光資源だけでなく、風土に根ざしたコンニャク栽培と寒風にさらしてつくる凍みコンニャクなどの伝統食、大豆文化からくるゆば・豆腐製品、ソバの栽培、そして奥久慈地どり、常陸大黒（花豆）やリンゴも栽培しています。もちろん茨城県内ではおいしいお米が獲れる地域で、全国コメ食味コンテストでは毎年入賞するほどです。

そして二番目は、この地域資源を昔からある「地元のあたりまえなもの」とせず、地元の資源として守り育て発信していこうという地元の皆さんがいることだと思います。残念ながらそうした皆さんは地元では変わり者や、あの人は特別だからと見られることも少なくありません。これは日本のどこの地域でも抱えている問題です。

お米をつくる場合、もし生産者全員が、谷田部さんのように苗植え以降は初期の除草剤だけの栽培方法を取りいれることができれば、ホタルの飛ぶ里山として全国から視察の人が来るでしょう。また、みつばちの里が拡がればさらに、ミツバチやハチミツファンも大勢来るでしょう。農業資源を観光資源としてとらえ、地域文化として守り育てる人の存在ぬきでは、魅力ある地域として残れません。

三番目は、その地域資源や地域の人にフォーカスし、その魅力を地域文化として紹介する人がいることです。それが私の役目でもあります。田舎の農家の生まれで、茨城の農業生産法人に勤務し生産には携わらないけれど生産者のことはわかります（屋上でハチミツを採ったり、野菜を育てていますから生産もしていることに違いはないのですが）。

また、銀座で都会の人に仕事や銀座ミツバチプロジェクトの活動をとおして発信していますから、都会の人が求めるものもある程度はわかります。お客さんに合わせて興味のある場所やどんな食材が好まれるかなど提案もしています。

最近になって気がついたのは、地域の食材や食文化を都会の一流シェフや料理人に伝え、料理を創作してもらえれば、さらに素

銀座穂の花の下山哲一料理長

晴らしい料理となり、地域発信にもなるということです。それは穂の花の下山哲一料理長が茨城に行き、生産者と語らいながら地元の食材を使った食事会を開催した時の料理の数々が感動的で、今でも忘れられないからそう思うのです。

今後の課題は、下山さんのような料理人やシェフにいかに地域食材を紹介し、それを地域の食文化としてどう発信してもらうかです。やがてはこの料理を世界に向けて発信したいと、そこまで思っているのです。

食を文化として海外に発信することで海外の人の興味をひき、日本を訪れたいと思うようになる。日本を訪れた人はさらに日本食のファンになり、自然と共生する文化にも触れ、その心に共感するようにもなる。そうなった時、日本の食文化が世界平和にも貢献できるのではないかと思っています。

第四章 ミツバチからのメッセージ

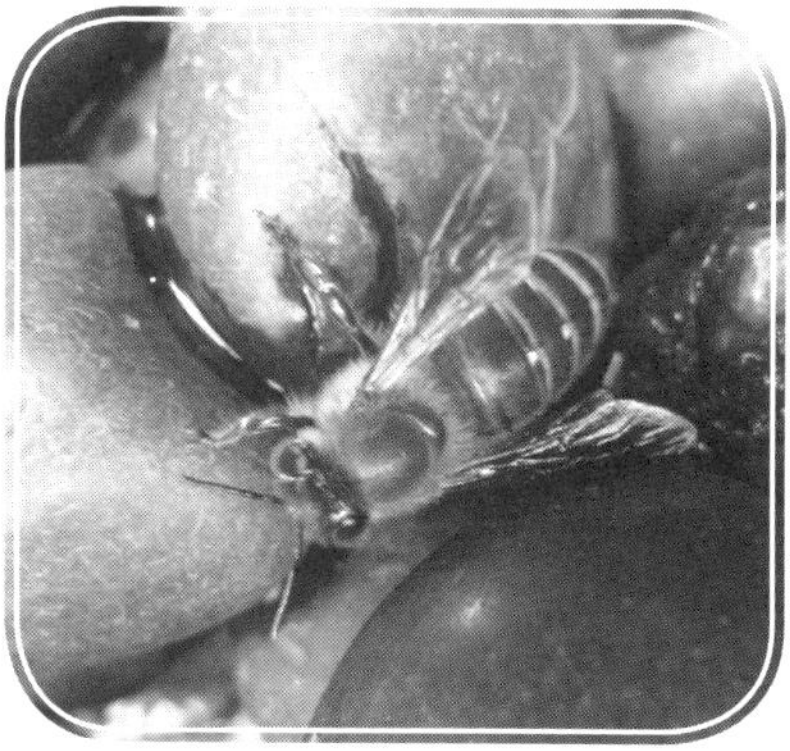

© カワチキララ

1 「いのちをつなぐ」を発信する

銀座のビルの屋上で養蜂をはじめたことから、「いのちをつたえる」意味を考えるようになりました。屋上養蜂や屋上農園の現場で「どう表現するか？」また、都市生活者に「どう伝えるか？」それが私たち銀座ミツバチプジェクトの使命ではないかと気づき、２００９年のファーム・エイド銀座において「農業環境フォーラム」を開催しました。

当日は有機米づくりの指導者で民間稲作研究所の稲葉光國氏やレスポンスアビリティの足立直紀氏、イースクエアの木内孝氏など幅広く環境分野で発信している皆さんに集まっていただきました。「本来の農業」とはなにか？「いのちをつたえる」とはどういうことかトコトン討論しました。

フォーラムの第1部では「人と自然とが共生する世界を実現するための活動報告」として8名の皆さんから提言をいただきました。第2部は「銀座の屋上農業体験　銀座が農業でおもしろい！」と題し、A屋上養蜂、B屋上田んぼ、C銀座ビーガーデンの３つのグループに分かれて屋上農業体験をして、第3部は8つのテーマを14のグループに分かれてバズセッションしました。最後、第4部のG8セッション「いのちでつながるおいしい生活」では、８名の話題提供者と会場の参加者も加わり、全体セッションでフォーラムのまとめとしました。

10時から18時までのフォーラムにもかかわらず、２００名以上の方にお集まりいただきました。また、20名以上の農林水産省若手職員がバズセッションの記録係やグループリーダーとして応援に駆けつけてくれました。

私たちは「ミツバチのために農薬反対！」という声を上げるのではなく、「いのちをつなぐ環境向上型の農業を目指そう！　それをおいしいハチミツや食べ物で発信していこう。それが結果として多くの都市生活者の共感を得るだろう」、こうした結論に達しました。

最近、私は自分なりに農業環境政策をまとめ、農林水産省の方にEUのような環境保全型農業への直接支払い制度を日本に取りいれられないか相談しました。しかし、EUとは農業を取りまく環境が違うので直接補助金をあてにしての制度づくりは難しいだろうという回答でした。

農林水産省の政策でも「農地、水、環境向上対策」など、田んぼの生きもの調査や農業用水の管理を地域で行い、一定以上農薬を減らした圃場には補助金の加算が出る制度もできましたが、その対象は認定農家で、認定を受けるためには一定以上の耕作面積が必要です。そのため、やる気のある有機栽培農家でも耕作面積が足らないために認定を受けられないケースもありました（現在は緩和されています）。

私はファーム・エイド銀座などの活動経験からも、都市生活者も農業や農村に共感を持つ人は潜在的にはたくさんいる、ただそのことにいまだ気づいていないだけだと思っています。

そこで、都会の人への啓もう活動を含め、食べることで自然や環境を守る農業を支援する制度をつくることができないかと考えています。

今読みかえしてみるとかなり稚拙ですが、エコビジネスを育てるコンテスト「eco japan cup 2009」のポリシー部門にある環境ニューディール政策提言に応募しました。タイトルは「有機農業による、生物多様性および自然環境の保全」です。

主旨は「生産者を含めたすべての消費者が、自分や家族の健康のためだけでなく、生物多様性や自然環境を守るために有機農産物を食べる。このことを普及させることで助成金に頼るだけでなく、消費者の食べ物の選択という行為で、農薬や化学肥料による環境破壊を防ぎ、生物の多様性を保全する」という内容です。これが入賞し、お台場ビッグサイトでエコプロダクツ展が開催され、発表する時間をいただきました。

この提言は現在の銀座ミツバチプロジェクトの活動に生きています。例えば、２０１１年は、地元中央区教育委員会との協働事業で、小学校や幼稚園へミツバチをケースに入れて持っていく出前事業を11回行いました。

そこではミツバチの受粉がなくては多くの農産物はできないことや、ミツバチは小さい命で農薬に弱く、それはホタルやトンボ、カエルなどの田んぼや畑の生きものも同じ。だからできるだけ農薬を使わない食べ物を食べましょう。そうした話を対象年齢に合わせた言葉で説明します。

みんなハチミツをなめて可愛いミツバチを目の前にすると「守ってあげなくては」と思いますから、「おいしいものを食べて応援する！」銀座らしくてスマートな発信方法だと思っています。

銀座農業政策塾

銀座ミツバチプロジェクトがメディアに出る機会が増えたこともあり、都内や地方都市でミツバチを飼いたいと相談を受けるようになりました。ですが私たちのプロジェクトは、ただ都会の屋上でミツバチを飼い、ハチミツを収穫し、スイーツを提供する活動をしているのではなく、この活動で社会を変えたいという思いを適切に発信することで、それにはもっと勉強が必要だと思っていました。

そこで『日本農業のグランドデザイン』や『「農ある地域」からの国づくり』など多くの著書を出し、農業政策や都市農業の専門家である㈱農林中金総合研究所特別理事の蔦谷《つたや》栄一先生に指導をお願いして、２０１０年から銀座農業政策塾を始めました。

蔦谷先生も銀座ミツバチプロジェクトが、①銀座の屋上を生産の現場にし、８００〜９００キログラムのハチミツを収穫していること　②屋上農園も展開し、企業やクラブのママなどさまざまな仲間を増やし農ある暮らしを発信していること　③ファーム・エイド銀座などで地域と連携して活動していることなど、こうした点を評価し注目していたそうです。

蔦谷先生からは多くのことを教えていただきましたが、中でも「農業は後継者がいない。やる気のある人を応援すると同時に、小規模生産者でも、高齢者でもとにかく農業をやれる人がつづけられる仕組みをつくることが大切」という言葉には深く共感しました。

また「都市の農地は、皆で守っていかなくてはならない」とも言われ、私の信念に強く結びついています。

そこで私たちが銀座の屋上から「農あるくらし」を発信することの意味を確認しました。米づくりの抱える問題は深刻です。今のような減反政策が今後もつづけられるのか。つくらないことに補助金を出すより、飼料米、飼料稲をつくる生産者への助成制度を継続し、飼料穀物の自給率を増やす仕組みはつくれないのか、そうしたことについても考えています。

銀座農業政策塾では、「日本農業のグランドデザイン」を参加者が自分なりに考えるために、海外の農業政策、食料自給率、環太平洋経済連携協定（ＴＰＰ）の問題、日本の米政策などについて学んできました。現在、第３期銀座農業政策塾を２か月に１回開催しています。

第３期では政策提言コンテストを開催する予定です。講義の最終回にテーマごとにグループに分かれて政策提言をまとめて発表する演習です。講義を聞き知識を身につけるだけでなく、各自の活動に活かすことを学ぶ場にしていきたいと考えています。

いのちをつなぐ農業

実際には、農業の抱える問題や環境の問題は政策を変えるだけでは解決できないと思います。なぜかというと一番大きな問題点が、都市生活者の「無関心」にあるからです。

都会で生活していると田舎や農村のこと、生きものや自然のことは「外の世界」と思い、普段から気にしている人は少ないでしょう。都会で暮らす人たちが食べ物を通して、農村や自然について関心を持つような仕組みづくりが重要で、大切なのは「食べることで、いのちをつなぐ」を発信することだと思っています。

２　スローフードの世界大会「テッラ・マードレ」

２００９年に横浜でテッラ・マードレ・ジャパンが開催され、私はイタリア文化会館主催のスローフードの講演会に参加したのですが、そこでカルロ・ペトリーニ氏と出会いました。どのメーリングリストから得た情報かは思いだせませんが、「スローフードの創設者、カルロ・ペトリーニ会長」の文字を見た時、行ってみたいと手帳に予定を書きいれていました。

私は当初スローフードの活動は、「ファストフード」に反対しての「スローフード」、または、地域の伝統食や伝統野菜、その種を守る活動だと理解していました。

講演会ではカルロ会長がスローフードの活動を始めたきっかけを、とても興味深く話してくれました。それはあるレストランのピーマン料理にあったそうです。

カルロ会長はその店のピーマン料理が大好きで、ある時いつものピーマン料理を頼むと、全然味の違うものが出てきました。きっとコックが変わったか、料理の手を抜いたかどちらかだろうと思い、店の主人に文句を言うと「もうあのピーマンが手に入らないからつくれない。あのピーマンはこの地域の在来種だったが、収穫量が安定せず、大きさもばらばらだから誰もつくらなくなったんだ。今この地域のピーマン農家はオランダの種メーカーのを使って、形のそろったものをつくっている。ウチもしぶしぶそのピーマンを使ってるんだよ」。これを聞いてスローフードの活動を始めたそうです。

それから講演会ではカルロ会長の原案によって製作された、人と自然の共生と調和を描いたドキュメンタリー映画『テッラ・マードレ――母なる大地』が上映され、私もいつか行ってみたいと思いました。

カルロ会長に会場から質問する機会があり、この時、心のどこかから質問しろという声がきこえ、気がついた時には手を挙げていました。

「私は銀座のビルの屋上でミツバチを飼っています。都会の真ん中ですが、ミツバチたちは皇居や近くの公園、または街路樹からおいしいハチミツを集めてきます。ところが日本の農村では、急激にミツバチが姿を消しています。ハチの大量死は世界的な問題にもなっていますが、その原因はネオニコチノイド系の殺虫剤の影響が大きいようです。イタリアではどうですか?」

カルロ会長は「イタリアではトウモロコシの種をネオニコチノイド系の殺虫剤でコーティングしていました。すると、その殺虫剤が雨で流れだすなどの影響でミツバチが急激に減りました。そこで政府が一定期間ネオニコチノイド系の農薬の使用を制限し経過を観察したところ、ミツバチが増えはじめました」と答えてくれました。

私はその答えがうれしくて「会場の皆さんも、どうかミツバチや生きもののいのちを守るために、農薬の使用を減らした農産物を選んで、それを食べてください」と会場に向けてメッセージを発信していました。

テッラ・マードレへの切符

仙台ミツバチプロジェクトの阿部高大さん、有美さんご夫婦との出会いは2010年の始めでした。銀座ミツバチプロジェクトのように仙台一番町商店街のビルの屋上でミツバチを飼い、地元の商店街を元気にしたいという相談を受けてからのお付き合いです。

ニホンミツバチの養蜂講座にも参加していただき親しくお話しするようになった時、スローフードの話が出ました。阿部さんご夫妻は、当時スローフードジャパンの会長をしていた若生裕俊氏と親しく、スローフード仙台の中心メンバーでした。

「高安さん、日本のスローフードを代表して、ニホンミツバチのハチミツの生産者としてイタリアに行きませんか」というお誘いを受けました。詳しい話を聞くと、2年に一度トリノで開催されるテッラ・マードレに生産者として招待してくれるというのです。

すでに生産者のエントリーの期限は過ぎているが、自分たちもニホンミツバチの養蜂講座に参加してその魅力に感動したので、ぜひ日本スローフードとして世界に紹介したい。「もし良ければ、イタリアの本部に相談して、生産者として招待できるように動きます」ということでした。

もちろんすぐにも「お願いします」と言いたいところでしたが、その開催期間中には子どもたちの運動会がありましたので「家内と相談します」と答えました。妻は「ぜひ、行きなさい」と言ってくれました。

カルロ・ペトリーニ会長と筆者

翌日、阿部さんに「イタリアに行きます。よろしくお願いします」と返事をすると、話はトントン拍子に進みました。カルロ会長はあの講演会で質問した私のことを覚えていて、「銀座の養蜂家なら大歓迎だ」と言ったそうです。

いよいよ10月、トリノで開催されたスローフードの世界生産者会議テッラ・マードレに、日本在来種みつばちの会と銀座ミツバチプロジェクトが招待されました。日本在来種みつばちの会からは、藤原会長ご夫妻が参加し、銀座ミツバチプロジェクトからは私とメンバーの堀圭子さんが参加しました。

テッラ・マードレの開会式でカルロ会長のスピーチを聞き、世界中から集まった6千人の参加者を見まわした時、これは人と自然が一体となった「生命《いのち》・大地・多様性」に価値を置く世の中を創るための地球規模の活動だ！　と感動しました。そして、私たちが目指す「人と自然の共生」と同じだと思いました。

参加国は162にのぼり、地域の少数民族の支援もテーマのひとつで、日本からはアイヌの代表の方、北に行くとカムチャッカ、さらには北欧のラップ、アメリカ先住民など世界の少数民族の方が招待されていました。

注目の都市養蜂

開会式の翌日、会場ではハチミツバー・コーナーが設けられました。取り仕切るのはイタリア養蜂協会です。日本在来種みつばちの会からは、たれ蜜と濁り蜜。そしてオオスズメバチのハチミツ漬けが出展されました。銀座ミツバチプロジェクトからは銀座産のソメイヨシノとミカンを出展しました。その中でも銀座のソメイヨシノの香りの良さに注目が集まりましたが、本当の一番人気はオオスズメバチです。イタリア養蜂協会のハチミツバーの担当者のすっかりお気に入りとなり、来場者にすすんでPRしてくれていました。

今回のテッラ・マードレでは、アフリカの養蜂家から最近のニューヨークの養蜂グループの代表まで、世界の養蜂家によるセッションがあり、そのため話題もたくさんありましたが、注目されているのはネオニコチノイド農薬の問題と都市養蜂でした。

銀座での養蜂について説明する筆者

ハチミツバー・コーナー

イタリア養蜂協会からもハチミツバーに出展した養蜂家には、農薬反対と書かれた帽子とTシャツが配られました。イタリアではトウモロコシの種の消毒にネオニコチノイドが使われていて、ミツバチが一時激減したため、試験的に期間を決めてネオニコチノイドを禁止したらミツバチが増えたそうです。

世界中の養蜂家が情報交換をし、ネオニコチノイド農薬反対の気運が高まっています。スローフードの国際本部もそれを後押ししています。

そして、この問題を都市生活者にPRする方法として都市養蜂に注目が集まっているのです。その点で銀座は世界の最先端。イタリア養蜂協会の皆さんからも「なぜ、屋上養蜂を始めたのか」「目的はなにか」「周りからの反対はないのか」など、さまざまな質問がありました。将来、「世界都市養蜂サミット」が開催できそうなくらいの勢いでした。

「おいしい!」を大切に

閉会式でカルロ会長は、「これからの環境活動家は美食家でなくてはならない」という話をしていました。「おいしい!」を合言葉に食卓から世界を変えていく。まさに食や農は、都市生活者が環境を身近に感じる一番の近道です。ファーム・エイド銀座の出発点もここにあります。私たちは日本の地域と食を元気にするためにこの活動を始めました。

「人と自然との一体化」を感じることで「生命・大地・多様性」の価値を確認することは、二十一世紀に生きる世界の人びとの共通のテーマです。世界から注目されている銀座の屋上から私たちはこのテーマを発信していきます。

3　自然界の異変

今年になって環境問題や生きものの調査活動をしている仲間から、自然界の異変について報告を受けています。例えば、「いつも周りにいたスズメがいなくなった」とか「今年はツバメが来ない」「昨年から田んぼのトンボがめっきり減った」など。

これらはすでに自然界からのメッセージ（警告）を超えて、恐ろしい異変が起こっているのではないか。アインシュタインが「ミツバチに起こることは、将来人にも起こる」と言っていたことを思いだしました。

もう皆さんもご存じのようにミツバチにも異変が起きているのです。日本を含む世界中でミツバチの大量死や数の減少が報告されています。１９９０年代にヨーロッパ諸国で始まったこの現象は、蜂群《ほうぐん》崩壊《ほうかい》症候群（ＣＣＤ）と呼ばれています。詳しくは、ローワン・ジェイコブセン『ハチはなぜ大量死したのか』（２００９年１月　文藝春秋）にも書かれていますが、２０１０年には、米国、カナダ、中南米、インド、中国、日本にも広がっています。

多くの現場の声、とくに養蜂家のあいだでは、「どうやら有機リン系の殺虫剤の後に出てきた、ネオニコチノイド系殺虫剤の影響ではないか」とささやかれていましたが、その分野の研究が十分ではなく因果関係が証明されず、原因が特定されないままでした。

そのため、地球温暖化によるダニなどの病害虫の増加による影響ではないか、アーモンドやオレンジなどの単一作物の受粉媒介に使用するため栄養不足の状態になっているのではないか、携帯電話の電磁波や謎のウイルスの影響などさまざまな原因が指摘され、農薬もそのひとつとして考えられてきました。

前章でも紹介したように、日本では２００５年ごろからハチの大量死は問題になっていました。私たちの養蜂の師匠である藤原誠太氏が暮らす岩手県では、７００群のミツバチが稲のカメムシ防除のために使用されたネオニコチノイド系農薬により大量死しています。藤原さんほか岩手県の養蜂家は、全農と農薬会社を相手に訴訟を起こしましたが、大きな社会問題にはなりませんでした。

その後、日本各地でもミツバチへの被害が広がり、ＣＣＤが報告されました。そして「受粉用のミツバチが不足している。このままでは園芸農家は大打撃を受ける」と、日本でミツバチ不足が問題になりました。

ところが、その原因はオーストラリアからの女王蜂の輸入がストップしたことや、ダニやストレスが原因であるとして、農薬の問題には注目してきませんでした。これが冒頭の仲間からの報告のような「ミツバチからのメッセージ」を無視した結果になっていたのです。

時代の変わり目

長いあいだ、ミツバチの大量死とネオニコチノイド系農薬の因果関係が証明されないまま、むしろ減農薬栽培には欠かせない農薬となったネオニコチノイド系農薬ですが、今年に入り、ハチへの悪影響についての研究が相次いで発表されました。

とくに注目されたのが、アメリカの学術誌「Science」（3月28日オンライン版　4月20日冊子版）に掲載されたイギリスの研究者が行ったマルハナバチを使った実験です。それは、ネオニコチノイド系のイミダクロプリドの①摂取量が少ない群　②摂取量が多い群　③摂取しない対照群を、それぞれ実験室で2週間飼育した後、巣を屋外に移動し、6週間モニタリングを行うというものでした。

その結果、巣の重量をみると、イミダクロプリドを摂取した群れは、摂取しない対照群に比べて、①低い摂取量の群れで8パーセント、②摂取量が多い群れで12パーセントそれぞれ軽くなっていました。

また、女王蜂の発生数では、摂取しない群れでは平均13匹の女王蜂が発生したのに対して、①摂取量が少ない群れでは2匹、②摂取量が多い群れでは1・4匹にとどまりました。

この結果からイミダクロプリド摂取による、群の縮小と女王蜂の発生数が低下することが説明できます。さらにこの研究者は、「今回の実験の対象はマルハナバチだったが、同じような悪影響は、ほかの種類のハチにも表れる可能性は十分ある」と指摘しています。

また、フランスの研究グループは、ネオニコチノイド系農薬チアメトキサンによるミツバチへの影響について野外実験を行ったところ、ミツバチの帰巣行動に悪影響を与えると発表し、ＣＣＤとの関連性が改めて注目されました。

この実験では、チアメトキサンによるミツバチへの害が致死量以下であっても、ミツバチの死亡率に影響し、群崩壊につながりかねないことを示唆しています（㈳アクト・ビヨンド・トラスト抄訳参照）。

このようなふたつの論文が「Science」誌に取りあげられたことは大きな意味を持ちます。

日本でも各新聞がこの発表に関心をしめし、ネオニコチノイド系農薬によるミツバチの被害について取りあげています。ミツバチだけでなく、最近の自然界の異変はネオニコチノイド系農薬による影響が大きいことが証明される日も近いと思います。

完全にすべてのネオニコチノイド系農薬の使用を中止することは難しくとも、せめて、お米をつくる時にカメムシ対策のために散布されている大量のネオニコチノイド系農薬は中止すべきです。まずそれができれば、ミツバチだけでなく、スズメやツバメ、トンボなどの生きものが戻って来ると思います。私たちの「みつばちの里づくり」はそのことの証明になるはずです。

アジアの農村を守る

さて、ネオニコチノイド系農薬の規制については、予防原則を適用する欧米諸国のほうが日本より取り組みが進んでいます。

フランスでは２００６年、イミダクロプリドによるヒマワリ、トウモロコシの種子処理禁止。

２０１８年までに農薬の使用量半減を目標とする。ドイツでは８種類のネオニコチノイド系農薬の種子処理剤としての登録を一時中止。イタリアでは２００９年クロチアニジン、イミダクロプリド、チアメトキサンを含む殺虫剤の種子処理への使用禁止などを行っています。

こうした予防原則のもと一部ネオニコチノイド系農薬の使用禁止や登録禁止が行われていることから、２０１０年スローフードの世界生産者会議でイタリアを訪れた時、イタリア養蜂協会の「農薬反対」の声が大きかったのが今も印象深く思いだされます。

さて、日本では一部の養蜂家以外は、ネオニコチノイドの害などほとんど誰も関心を持っていませんでした。もちろん最近になって、「これはミツバチだけのことではなく人にも関係してくる。なぜなら、人の脳と昆虫の脳の構造は同じで、とくに妊婦や乳幼児には煙草の受動喫煙が問題になるように、ネオニコチノイド系農薬も問題である。しかも、食べ物から摂取するより、むしろ目や鼻などの粘膜から摂取する可能性も高い」とされています。

蜜を集めるミツバチ（カワチキララ氏提供）

日本ではようやくネオニコチノイドの害が認められてきたところですが、では農薬の潜在的な被害よりも経済発展を優先してしまいがちなアジア諸国はどうでしょうか。

今後予想されることは、欧米の農薬会社が自国で販売できなくなった農薬をアジア諸国において販売することです。浸透性の高いネオニコチノイド系農薬は、散布回数が少なくてすみ、使う側にとっては便利な農薬です。

私たちには日本で起こったことをアジア諸国に伝え、同じような自然の異変が起こらぬように協力する姿勢が求められてくるでしょう。これは農薬使用の問題だけではなく、経済発展を優先したために目をつぶってきた自然破壊全体の問題でもあります。人間にはなにが大切で、次の世代になにを残すべきか考える時が来ました。

そうした中で労働人口の減少が進み、経済発展を目指して、今後の成長が見込めるアジア諸国に進出する企業が増えてきました。農業の分野も同じです。だからこそ、経済力と技術を持つ私たちが、自国で犯した過ちを、アジア諸国では起こさないように、また起こさせないように、今こそ環境を向上させる農業技術を確立し、アジア諸国に発信するべきなのです。

今後、日本の農村の再生プランのひとつに、自然環境を守り、それを農村観光資源にしてゆく、「農業と観光の一体化」への発展があります。もし、観光客が満足できるような自然が失われてしまったら、こうした再生プランも実現しません。

ですから一刻も早くネオニコチノイド系農薬の使用を中止し、豊かな自然の中で生きものたちと共生していけるように、地域の観光的価値を取りもどさなくてはなりません。

4　アジアの農村と観光資源への道

東アジア地域に住み、稲作を主とした農業で生活をしてきた民族には共通する部分が多くあります。羊を追って草原を移動する民族や狩猟を中心に生活する民族を考えてみると、壮年の知恵と勇気と力のある者がグループのリーダーとなり、ときには先頭に立って戦場を駆けまわり、グループの命運を一身に背負って決断していく。モンゴルのチンギスハーンを想像する人も多いかもしれません。

稲作農耕文化はというと、長年の経験が重要視されて年長者を敬い、村の長老たちが寄り合いで物事を決めることが多くあります。

村の寄り合いについては、時間ばかりかけてなかなか話が進まず、もどかしい思いを経験したことのある方が結構いらっしゃるのではないでしょうか。それは、現代社会に生きているからそう感じるのであって、宮本常一氏が『忘れられた日本人』の中で書いているように、かつては農村を維持していくには、とてもよくできた制度であったと思います。思いやりと人の輪を大切にする思想ですから。また、稲作を中心にした集落は水を大切にし、水源には社を祀り、皆でそれを守ってきました。山や川、湖などの自然を敬い、尊び、その自然の中に神性を見いだし、自分もその自然の一部だと感じて生きてきたのです。今でも日本を含め、アジアの田舎に行くとこうした心情を持ち、黙々と自然とともに毎日をおくる人に出会うことがあります。

しかし、こうしたことも現代文明の中でいつしか忘れ去られてしまうのではないかと思っていましたが、これからの地球レベルの環境破壊を食いとめ、美しい地球を次の世代につなげるために今こそ必要な心情だと思うのです。

ですから私はミツバチを通して都会に住むひとりでも多くの方に、「自然に学び、自然を大切に思い、そして自分も自然の一部なんだ」という考えを広めていきたいと思っています。

グローバル化が進む農村

環太平洋経済連携協定（ＴＰＰ）や自由貿易協定（ＦＴＡ）を含め、貿易の自由化に対する議論が国会では毎日のように行われています。「ＴＰＰは国際的潮流で、もはや避けては通れない」という話をよく聞きます。

また、ＪＡはじめＴＰＰの反対勢力の皆さんが、ただ反対するだけで明確な代替案を示せないのは残念なことです。ただし、これは農業分野だけではなく、医療、金融などさまざまな分野が関係してくるので、ぜひ、政府にも慎重な判断をお願いしたいと思います。

ＴＰＰの議論はさておき食のグローバル化は、日々進んでいます。私自身、食料自給率はもう少し高いほうが良いと思いながらも、フランスやイタリア産のワインを飲んで、チーズを食べています。

最近、米粉のパスタで結構おいしいものもありますが、日本人の多くが食べているパスタは、輸入されたデュラム小麦ではないでしょうか。国産小麦ではコシの強さは出せません。ほかにも日本海側の地域の伝統食であるサバ寿し。日本海でもサバは獲れますが、脂がのっていないので、ノルウェー産のサバを使うそうです。このような例はいくらでもあります。なにを言いたいかというと、食を楽しむために欲しいものを買う「個人の選択の自由」に制限はつけられないということです。

では農産物の輸出についてはどうでしょうか。かつて香港、台湾、中国などで「青森りんご」が贈答用として珍重されました。また、新潟に行くたびによく遊びに行く、諸橋弥次郎農園の諸橋弥須衛さんのイチゴは、新潟では1パック600円でも、ウラジオストックでは2500円だそうで、最近は中国のテレビも取材に来るそうです。

しかし、この事実だけを見て「農産物輸出の可能性」を過度に期待してはいけません。贈答用や高級果物はニッチな市場です。むしろ高額所得者層が日常食べるものを供給できるかが勝負です。その現実に立つと農産物の輸出は非常に苦戦しています。

また、日本は人件費が高く、さらに円高のダブルパンチ。そこへ東日本大震災の原発の事故の風評被害も加わり、農産物の輸出はしばらく諦めたほうがいいのではないかというのが現場の心情です。

そうした中、日本に収まりきらない「やる気のある」農業経営者がなにをしているかです。千葉県のあるグループは、タイでバナナ園を経営し、日本にバナナを輸出し、生協などのルートで販売しています。今はバナナだけではなく、野菜も生産して香港や台湾でも販売しています。また、茨城県のイチゴ生産者は中国から100ヘクタールのイチゴ園をつくらないかとラブコールを受けています。

こうした技術を持った日本の農業グループは、海外から注目されていて、アジアの国々は海外から技術と資金を呼びこむために、食料産業クラスターを形成し、農業特区方式で、外国人やお金を優遇しています。

例えば、ある特区では税金を優遇し、できた農産物は輸出も含め販売に制限を設けない。こうした優遇処置を取ることで、人材、資金、知財、技術、経営ノウハウを自国に移転するのが狙いです。

アジア諸国の中で今後注目されるのは、メコン川流域のミャンマー、ラオス、ベトナム、カンボジアおよび中国黒竜江省とロシア極東地域です。

実際、産業としての農業が発展すると必ず負の遺産もついてまわります。それは土や水など農業生産資源の枯渇や劣化、農村の労働人口の減少です。そして自然との調和を無視して拡大の限界を超えると、自然災害も起こります。

日本より一足先に、農業を産業として発展させてきた隣国、韓国ではどうでしょうか。農業を輸出産業にするために、国が支援して補助金を投入し、規模拡大を優遇してきました。また、土地を集約するために小規模農家の離農も進めました。その結果、パプリカなど輸出作物の優等生が登場しています。

昨年、私は茨城の農産物のＰＲ事業をしていたので、技術を持ったパプリカ生産農家を知っています。鮮度や香りは国産のほうが良いのですが、価格面では韓国から輸入するパプリカにはかないません。近年、日本でも大型ハウスを建て、パプリカを生産する農家も増えてきましたが、一部の高級レストランを除けば、パプリカについては韓国産が完全勝利ではないでしょうか。

さて、そうした韓国の農村で目立ち始めているのが、大規模な施設園芸のハウスです。経営者の所得は増え、地域の雇用の場にはなっているでしょうが、昔ながらの家族経営の農家が支えていた地域コミュニティはどうなったのでしょうか。

大規模経営から外れた土地は、耕作放棄地になりました。規模拡大か離農かを迫られて離農した農家が、年老いた両親を農村に残し、職場近くのマンションに移り住む例も多く見られます。

昨年、IFOAM(国際有機農業運動連盟)の国際会議で韓国に行った時、国の農業技術センターの職員の方に「韓国では、農業は輸出産業として可能性はあるが、農村の疲弊は進むばかりではないか」と尋ねてみました。これに対し、「私たちの国は経済破綻を経験している。皆が生きて行くためには多少の犠牲は仕方がない」という答えが返ってきて、これが現実かと思いました。

ところが先日、韓国から銀座ミツバチプロジェクトへ視察の依頼が入りました。「韓国政府の事業の一環で、農漁村の人びとが観光という視点から、今の農業を見つめ直し、農漁村観光としての農業を学び、疲弊しつつある韓国の農業を改善するヒントを見つけたい」という内容でした。

私が常々考えていた「産業としての農業だけでは地域が取りのこされる。農業と観光が一体化した地域政策を実現することで、地域の農業や自然が観光資源になり、伝統の食文化や芸能なども守り、引きつがれていく」ことに、韓国政府が気づき始めたのです。

韓国の農業政策も、苦労してきた分、先を考えていると一目置かざるを得ません。グリーンツーリズムとは名ばかりで、農業体験以外に魅力的なメニューが組めない我が国はもうすぐ追い越されるかもしれません。

新たな道を模索

我が国や韓国の先進事例が、今後のアジアの農村政策をリードしていくことは間違いないと思います。それならば、なにを目指すかが私たちの課題です。

アジア諸国にはまだまだ豊かな自然が残っています。この自然をできるだけ破壊せずに、成長する経済といかに調和しながら発展を遂げられるかだと思います。そのためには外国企業が輸出農産物を生産するために、地域の伝統的な暮らしや、現地の農村に暮らす人びとを無視して、森林伐採をした り大規模農園をつくるのをやめさせなければなりません。

日本で行きづまった「成長の神話」をアジア諸国に持ちこんで、自然と共生しているかれらの暮らしを奪ってはいけないのです。成長するアジア経済を支える食料をどう生産するかという課題はありますが、むしろその暮らし、文化、その自然が観光資源になる道を探していくべきではないでしょうか。

前にも書きましたが、私たちが銀座の屋上でミツバチを飼う理由は、普段自然とはかけ離れた生活をおくる都会の人にも、ミツバチを通して生命を感じ、自然を身近に感じ、屋上から空を見上げた時に、「なんとなく自分も自然の一部だ」と感じて欲しいからです。

もちろんミツバチだけではなく、屋上農園で育つ野菜や花やハーブたちも同じメッセージを発信しています。アジアの国々の指導者に私たちのメッセージが届くことを祈っています。

5 地域の自立に必要なもの

地域の自立について、江戸時代にあてはめてみると気がつくことがたくさんあります。江戸時代は、日本全国に大小さまざまな藩が存在し、各藩は独自の運営をしていました。江戸時代も後半になると、どの藩も借金を抱え、かなり苦しい財政の中での運営のようでしたが、藩では内部で通用するお金も発行していたわけですから、独立性が保たれていたと思います。

また、各藩の殿様の上には江戸幕府と将軍様がいて、参勤交代では藩主が江戸で暮らすなど、厳しい制度の中でも立派に役目を果たしていました。

さて、江戸時代の藩の仕組みから地域の自立を考えた場合、精神の自立と経済の自立が大きな要素となります。各藩は地域独自の文化や風俗、習慣を持ち、次の世代につないでいきました。一部の広域で商いをする御用商人を除けば、農民や職人、また藩の人間を商いの対象にした商人などがほとんどでしたから、人もお金も地域で循環していました。

このような江戸時代の話をしたのには理由があります。それは私たちが生活している現在にも地域の自立には「人とお金の地域循環」が不可欠だと思うからです。

価値観の変化

今でもテレビや新聞、雑誌などメディアの発信では、経済成長がすべての基準のように語られていますが、それで人びとは本当に幸せになれるのでしょうか？

日本の場合、１９７０年代ごろまでは、そうした考えでも良かったのかもしれませんが、経済成長と引きかえにやがて自然が破壊され、生きものがいなくなりました。自然や生きものの話だけにとどまらず、人間も激しい競争社会の中で、お金のある人、力のある人が、大きな声を出すようになりました。

皆がお金持ちを目指す半面、お金持ちになれず社会から取りのこされ、生活保護を受けたり、ホームレスになったり、自殺したり、精神的な病にかかる人も年々増えています。国がこうした現状を見て見ぬふりをして、経済成長を目指しても、国民は幸せになることはできないのではないでしょうか。

東日本大震災以降、社会の価値観が変わってきたように感じます。「絆」という言葉をみんなが口にするようになりました。多くのボランティアが被災地域に行って、復興支援活動を手伝っています。

そうした中から、強い人が社会をリードするのではなく、弱い人、例えば高齢者や障害者、妊婦さんや乳幼児を抱えるお母さんたちをみんなで守ろう。社会の構成員として無駄な人はひとりもいないんだ。そうした考えが広まってきたような気がします。

そう言えば、養蜂の大先輩で、国際養蜂連盟の理事でもあった渡辺英男氏がおっしゃるには「蜂の世界は愛だよ！ よくミツバチたちを見てごらん。一生懸命はちみつを集めて来るミツバチもいるが、ブラブラして全然働かないミツバチもいるでしょう。でも、よく働くミツバチが、働かないミツバチを怒ったりしないでしょ。蜂の世界は愛に満ちているよ」。これは名言だと思いました。

現代社会の競争に疲れて、落ちこぼれてしまった人やはじかれてしまった人がいても、かれらは無駄な人たちではない。東日本大震災を経験して後、経済成長に変わる新しい価値観の存在に多くの人が気づき始めたように思います。

エネルギーの地域自給をめざして

今年３月、小田原の鈴廣かまぼこ副社長の鈴木悌介さんが代表世話役となり、「エネルギーから経済を考える経営者ネットワーク会議」が立ちあがりました。昨年11月に開催したファーム・エイド銀座で、鈴木さんより「相談があるんだけど」と、ネットワーク会議立ち上げの話を聞きました。

私は「原発反対！」と叫ぶ運動ではなく、国の政策と連携した再生エネルギーの利用支援を全国で展開し、各地で竹の子が生えるように色々な動きが起こり、気がついたら原発がなくてもエネルギーが確保できていた。そんな活動に発展していけばと思い、世話役を引きうけました。

鈴木さんは「その土地の文化と顔の見える関係」を大切にする仕組みをつくるため、10年ほど前から日銀OBの吉澤保幸さんたちと、経営者や学識経験者、金融機関、官僚などの仲間たちで「場所文化フォーラム」という勉強会をつづけていて、そこから生まれたのが「ローカルサミット」です。

２００８年に北海道洞爺湖でサミットが開催された夏、全国から街づくりに取り組んでいる仲間が２泊３日の日程で帯広に集まり、議論を交わしたり地元の皆さんと交流をしたりしました。この「とかちローカルサミット」で私は鈴木さんと出会い、たくさんの志を同じくする仲間とも知り合いました。

ローカルサミットはその後、愛媛県松山市・宇和島市、神奈川県小田原市、富山県南砺市と毎年開催され、地域からたくさんのプロジェクトが生まれ、金融機関も支援する「地域が自立した街づくり」の芽が各地で育ちつつあります。

２０１０年に小田原市で開催したローカルサミットでは、街の歴史や自然環境を学び、そこで多くのヒントを得ました。古来から小田原は山、川、海、里山と自然環境に恵まれた地域で、その恵みを受けて人びとは暮らしてきました。実際に小水力発電を取りいれていて、地域に根ざした再生可能エネルギーの技術をすでに持っていたそうです。また小田原の海では、かつて毎年数十万匹のブリが獲れましたが、今では毎年ほんのわずかしか獲れなくなっています。山から川を通じて海へと流れこむいのちの養分が、ダムによって堰きとめられ、海に流れこまなくなったためです。

東日本大震災を経験した昨年は、小田原市で「環境志民フォーラム」を開催しました。フォーラムでは、便利で安いと使っていた原発の代償は、いったいなんだったのかという疑問から、「お金」「効率」のものさしから「いのち」のものさしへと変える時代に来たこと、そして一人ひとり考えることが重要だという観点で、街の環境から日本や地球の未来についてまでも考えるきっかけとなりました。

そしてそれが今、「小田原電力」ともいうべき官民一体となった太陽光発電を皮切りに、さまざまな再生可能エネルギーでの街づくりに発展しています。

鈴木さんは、「国はアジア諸国への原発輸出を進めていますが、輸出すべきは原発ではなく、持続可能なエネルギーによる持続可能な街づくりのモデルです。実現すれば、国の安全保障にもつながるでしょう」と言います。エネルギーも経済も大きく方向転換する時期にきています。

遊休農地をミツバチが飛びかう田園に

首都圏のお米の生産地、茨城県でもみつばちの里づくりの活動が始まっています。茨城県の食と農のチャレンジ事業を利用して、大子町、笠間市、稲敷市で昨年協議会が発足し、２０１２年の春からミツバチの飼育を開始しました。

この３つの地域はファーム・エイド銀座に出展したり、各市長や町長など自治体のトップが銀座の屋上養蜂場を視察し、「ミツバチと一緒に安心・安全な米づくりを進めましょう。また、耕作放棄地や遊休農地に菜の花を植えて、里山の景観を良くして都会の皆さんに遊びに来てもらいたい」と、自

稲敷市のみつばちの里で分封待受箱を設置

大子町のみつばちの里の自然巣

治体の支援も受けてスタートしました。

3月下旬に、稲敷市のみつばちの里に待望のニホンミツバチが来ました。今回は、かしまミツバチプロジェクトからニホンミツバチを譲りうけることになり、昨年から、みつばちの里の予定地の近くには菜の花の種を蒔いて、春先の蜜源を用意していました。

また、この地域の里山にはアカシアの木もあり、かつてはセイヨウミツバチを飼育する養蜂家が、巣箱を置きに来ていたそうです。5月から6月ごろには里山に営巣しているニホンミツバチが、カボチャなどの農作物の受粉をしてくれたそうです。そうしたことから自然に営巣しているニホンミツバチの分封群捕獲準備をこの里山ですることにしました。

まずは、事前の巣箱設置場所の選定です。ニホンミツバチは巣箱の温度変化を嫌うので、夏の西日があたらない場所を選びます。また、そうかと言って一日中暗い所も良くなく、朝日があたりその方向が開けている場所を選びます。

一番条件の合う場所を巣箱の設置場所に決めると、ミツバチの引っ越しは夕方から夜にかけて行いました。夕方ミツバチが巣に戻ったころを見はからい巣門を閉じて移動するのです。無事に設置を済ませた翌日は、かしまミツバチプロジェクトの皆さんの応援を得て、分封群の待受け箱を合計11箱設置しました。皆子どものように分封群が来てくれることを楽しみに作業を終えました。

また今年は、稲敷市みつばちの里の田んぼで銀座社交料飲協会の皆さんが米づくりをしました。みつばちの里の田んぼのオーナーになっていただいたからです。5月に田植えをして、その後は地元生産者やみつばちの里関係者も参加して恒例のバーベキューで交流会を開きました。銀座のバーテンダーが銀座ハチミツカクテルを振るまってくれるなど、屋上農園から始まった交流が田んぼに場を移し、今後の展開が期待されます。

美しい地球を次の世代に

私には中学1年生のまりあ、小学5年生の一郎、そして1歳になったばかりの二朗がいます。まりあも一郎も小さいころから畑や田んぼによく連れて行きました。

まりあは初めてのイチゴ狩りに、目を丸くして大喜びでイチゴをほお張っていましたし、まだよちよち歩きの一郎をブルーベリー畑に連れて行った時には、自分でもいで食べるという最初の体験をしました。今も時折、酸っぱい実を食べて渋い顔をしていたなと懐かしく思いだすことがあります。

笠間市小澤栗園で二朗と初めての栗狩り

田んぼ体験では、最後は尻もちをついてふたりともパンツまでびしょ濡れでした。一郎はザリガニが怖くて触れませんでしたが、それでも興味があるのか「つかまえて！」とせがむので、バケツに入れてあげると、じっと見ていたのが、そのうち指でつついて遊ぶようになっていました。

子どもは田んぼや畑が大好きなのです。普段都会で暮らしていると土に触れる機会が少ないので、泥んこになるのも楽しいことなのです。そして収穫をして、その場で食べることもうれしい体験だと思います。

今年は二朗を「どこに連れて行こうか？」と考えていて、有力候補地は笠間みつばちの里の長谷川清さんの果樹園です。7月は子どもたちの大好きなブルーベリーの収穫時期です。長谷川さんのご本業は獣医さんで、数年前からセイヨウミツバチを飼育していましたが、今年から本格的にニホンミツバチの養蜂に取り組んでいます。

6月初旬に3群の分封群を捕獲したといううれしい知らせを受けました。長谷川さんも銀座で開催している日本在来種みつばち養蜂講座の受講生です。長谷川さんは「獣医さんの果樹園」を運営し、ブルーベリーやマーマレードなどのジャムもつくっています。ミツバチが飛ぶ無農薬の果樹園なら、もいでそのまま子どもが食べても安心です。

二朗が生まれたのは、昨年の6月9日でしたから、東日本大震災の時はお母さんのお腹の中でした。震災直後は、原発事故の放射能の影響についてインターネット上では色々な情報が飛びかい、家内と不安な日々を過ごしました。おそらく妊婦さんがいる家庭では「このまま無事に子どもを産んで、育てられるのか」と心配したと思います。

無事に二朗が生まれて一年が過ぎましたが、二朗の将来、またこの子の孫の世代のことを思うと原発はないほうが良いと思っています。

現在の技術では原発を使用すれば使用済核廃棄物が出て、その処分方法は地中深くに埋めるだけですから大きな負の遺産を後世に残すことになります。さらに今回のような事故が起こると、小さい子どもを持つ親としては、経済発展や最先端技術に頼る社会より、自然を感じ、のびのび安心して暮らせる社会を求めたくなります。

「生きものに学べ」「自然の声をきけ」とよく話されるイースクエア会長の木内孝氏は、かつて三菱電機の米国の社長として日本経済を引っぱって来たひとりです。世界各地の熱帯雨林の木を切りまくって商売をしていると環境保護団体の標的になり、米国で三菱電機や自動車の不買運動が起こったのがきっかけで、東マレーシアを訪問したそうです。

ボルネオ島サラワクの宿で目を覚ました時、ジャングルのほうから動物のうめく声が聞こえてきて、「人間さえいなければ自然界はみんなハッピーなんだ」という思いが湧きおこったそうです。

それから木内さんは地球環境問題に取り組むようになり、環境に配慮した経営を指導しています。そして3年前、「人間は自然の一部なんだ」と、麻布狸穴町の自宅で在来種のニホンミツバチを飼いはじめました。

ニホンミツバチが届いて2~3週間もすると、ご自分たちと蜂の生き方を比較するようになり、呼び捨てにはできないと、これからは「ハチさん」と呼ぼうと決めたそうです。ハチさんの世界に日々興味が深まり、お孫さんの「熊のプーさん」から始まり、童話、教科書、百科事典、研究書を読みすすめていくうちに現実のハチさんの行動は「書物に書いてある通り」と結論づけられました。

ハッキリした門番の存在から内勤、外勤の働き蜂、女王蜂、オス蜂が蜂の社会システムを創りあげて5百万年といわれますが、人間社会とは桁が違うことに思わず「なるほど」と唸ったと言います。

自然環境の修復・保全をライフ・ワークにしておられる木内ご夫妻は早い時期からソーラー・パネルを据えつけたりしていますが、「ハチさんに教えられることばかり」だそうです。

とくに自然界の支え合いは知れば知るほど深く、受粉前と受粉後の桜の花の中心部の色の違いにはビックリ。後から来るハチさんが無駄足を踏まないように「事前にお知らせしているんですね」とうれしそうにおっしゃいます。

働き蜂は誰の指示で仕事をしているのか、群れを統括するボスはいるのか、一匹一匹が群れの維持を大切にする情報の伝達はどのように行われているのか、自分の体から蜜蝋をつくり巣づくりをするけれど、蜜蓋には新しい蜜蝋、蜂児に蓋をするのはリサイクルの蜜蝋を使う習慣など頭が下がることばかり。「ハチさんはエコ昆虫」が木内邸の謳い文句です。

学校での農業体験

今年も銀座三越の9階にあるテラスファームには、地元、京橋築地小学校の4年生の児童が苗植え体験をしました。子どもたちは「銀座三越テラスファーム会員証」をもらい毎週土曜日、テラスファームの農作業に参加しています。今年はハーブを中心に植えました。ラベンダーやそのほかのハーブの花には銀座のミツバチも蜜や花粉を集めに来ます。子どもたちはミツバチと会う日を楽しみにハーブ

2011年10月、三越テラスファームでいもほりと落花生の収穫作業をする京橋築地小学校の生徒

の苗を植えていました。

そして今年も茨城県からレンコンの「種蓮」をいただき、樽で育てています。美しいレンコンの花も楽しみです。都会にいてもこうして周りの大人たちが協力すれば、色々な農業体験が可能です。

例えば京橋築地小学校では、3年生がミツバチの出前授業を受け、4年生が銀座三越テラスファームでの農業体験、5年生が白鶴酒造屋上の米づくりを体験します。

卒業後、多くの子どもたちが進学する銀座中学校でも、今年からミツバチを飼い屋上には花やハーブを植える予定です。技術の先生であった大田達郎校長は、技術家庭の授業にミツバチを取りいれたいと張りきっています。

今、私たち銀座ミツバチプロジェクトは学校や教育委員会と協力して、「都会の学校で農業体験」というプログラムを検討しています。また、未就学児とお母さんの農業・自然体験のプログラムも実施予定です。

小さい子どもたちがお母さんと一緒にハーブを収穫して、ハーブティーとハチミツのお菓子を楽しみながら、自然や生きものに

銀座三越テラスファームで菜の花を眺める妻さやかと一郎

ついて話したり、ミツバチの受粉の話などを聞いたりします。そうした時間は小さな心になにかを残すはずです。

また家庭で簡単に育てられるハーブの紹介もしています。ハーブを暮らしに取りいれ、水やりをお子さんの役割にすれば、親子で楽しめます。子どもたちとの農業体験の企画は夢が膨らみ、考えているだけでワクワクしてきます。

それはきっと二朗がいるからかもしれません。二朗と家内は「こんなことしたら喜ぶかな」「こんな体験してみたいかもな」と、私には具体的な場面が想像できるのです。

未来の美しい地球を守っていくのは、この子どもたちです。私たちは親の世代から地球をあずかったにすぎません。もうこれ以上自然を破壊することなく、可能なかぎり修復も試みて次の世代に引きついでいきたいものです。そして、同時に「自然を身近に感じる」「自分も自然の一部なんだと気づく」子どもたちを育てていきたいと思います。それが私たちの役目ではないでしょうか。

参考文献

蔦谷栄一『日本農業のグランドデザイン』農山漁村文化協会
――『「農ある地域」からの国づくり』全国農業会議所
ローワン・ジェイコブセン『ハチはなぜ大量死したのか』文芸春秋
水野玲子『新農薬ネオニコチノイドが日本を脅かす』七つ森書簡
藤原誠太『誰でも飼える日本ミツバチ』農山漁村文化協会
――『日本ミツバチ　在来種養蜂の実際』農山漁村文化協会
宮本常一『忘れられた日本人』岩波文庫
カルロ・ペトリーニ『スローフードの奇蹟　おいしい、きれい、ただしい』三修社
「Science」２０１２年３月28日（オンライン版）アウト・ビヨンド・トラスト（抄訳）
銀座ミツバチプロジェクト編『銀座・ひとと花とみつばちと』オンブック
田中淳夫『銀座ミツバチ物語　美味しい景観づくりのススメ』時事通信出版局
銀座ミツバチプロジェクト「銀ぱち通信」

あとがき

先日、田中淳夫さんと助成事業の活動報告会で発表した時、審査員の先生方から質問を受けました。「銀座ミツバチプロジェクトさんの活動は、場の提供とコンサルタントですか？」

地域支援をテーマにした報告会でしたので、ファーム・エイド銀座での活動や地域の皆さんと地域の食材と銀座のハチミツを合わせたコラボ商品や地域の食材を銀座の老舗に紹介した商品づくりをしてきた活動報告をしましたので、端からはそう見えるのかもしれません。

しかし、私たちは即座に「それだけではありません。私たちは生産者で、コンサルタントではなくプレーヤーです。銀座の屋上では毎年９００キログラムのハチミツが収穫できます。日本のハチミツの自給率は３０００トン程度です。私たちは、０・０３パーセントの生産者です」

私たちが生産者だからこそ銀座の老舗や地域の生産者が共感を受けるのです。銀座の老舗でも原料の生産から行う所は少ないはずです。それがすぐそばの屋上に来るとおいしいハチミツを生産（採蜜）しているではありませんか。そして、シェフやパティシエ、バーテンダーがメンバーと一緒になって遠心分離機を回し、搾りたてのハチミツを味わうことができるのです。その時、プロのクリエイティブな心は刺激され、新しい逸品が生まれてくるのです。

金利が金利を生んで、汗を流して働かないことに価値を置いた時代はすでに過去です。これからは「ものづくり」ができる人が尊敬される時代です。

そして、もうひとつ大切なことは、どこかの成功事例やスタンダードのセオリーを学ぶのではなく、その地域の伝統や文化を掘りさげて、まわりを見渡し、自分たちの独自性を見つけることだと思います。これは日本国内の地域活性化にとどまらず、アジアやアフリカ、そのほかの発展途上地域にも共通して言えることです。

グローバルスタンダードは強者の論理で、地域や弱者の味方ではなく、一人勝ちの競争の論理です。インターネットやメディアを通じて地球の裏側の出来事も瞬時にわかる時代に、自分たちの考えを押しつけ、それをスタンダードだとするのはいかがなものかと考えます。

また、地域の伝統文化に根ざした食材やさまざまな物が銀座（街）に集まることで、銀座（街）も刺激を受け、元気になり、新しい物を創造します。それをその地域にかえすことで地域はさらに元気になります。

都市と地域の交流はお互いに刺激を受け、ともに発展してこそ価値があると思います。伝統の食材を大切にしている大子町に穂の花の山下料理長が行って、自分で確かめた大子町の食材、例えば、凍みコンニャクや刺身コンニャク、ゆば、奥久慈シャモで料理をつくり、店のお客さんに大子町のことを話しながら料理を出す。

また、時にその料理を大子町の生産者や旅館の女将さんが食べに来る。大子町の皆さんは普段自分たちが食べている料理とはまったく別の味を体験する。お互いが刺激を受けるからこそ交流は発展し、地域も都会も元気になります。

ファーム・エイド銀座のミツバチフォーラムで川嶋辰彦先生がタイの農村の話をしてくれました。足るを知る質素な生活の中に、多様性を認める文化があり、仏教思想のもと平和に暮らしている。また、スローフードのカルロ・ペトリーニ会長も生命《いのち》、大地、多様性について、スローフード活動を通して発信しています。F1品種（品種改良をした「種」）と違い在来種は往々にして発芽率も悪いし、成長もばらばら。でもその品種だからこそ表現できる、その地域の味がある。じつはそんな料理が観光資源としても注目されはじめました。

私たちは銀座でミツバチを飼ったことで多くを学び、自然をより身近に感じるようになりました。そして、いのちの循環を考えた時、「私たちも自然の一部であった」と改めて感じました。

本書は、東日本大震災の直後から連載をはじめた、財団法人地球・人間環境フォーラム月刊誌「グローバルネット」への執筆がきっかけでした。その連載や本書を書きながら時代は急激に展開してきました。

仕事面でもくじけそうになることに多々直面し、原稿が思うように進まず、清水弘文堂書房の礒貝日月氏には随分ご迷惑をお掛けしました。発行元のアサヒビール株式会社、編集発売元の清水弘文堂書房のみなさんに感謝の気持ちを捧げます。また、このきっかけを与えてくれた財団法人地球・人間環境フォーラムの平野喬さん、「グローバルネット」編集担当の天野路子さん、根津亜矢子さんにこの場を借りてお礼申し上げます。

今年で銀座ミツバチプロジェクトの活動は7年目を迎えました。銀座でミツバチを飼うという突拍子もない大人の遊びから社会性を帯びたＮＰＯへと転換する中、たくさんの銀座の皆さんや連携する地域の皆さんに支えられながら活動をつづけることができました。一緒にミツバチをはじめた田中淳夫さん、理事の永井聡さん、そしてファーム・エイド銀座を一緒に育てた監事の大越貴之さんや、他のメンバー、サポーターの皆さんに感謝すると同時に、今後の活動に夢が膨らみます。

また、いつも活動を支援いただいている一般社団法人銀座社交料飲協会副会長の橘高圭さん、理事の白坂亜紀さん、事務局長の神谷唯一さんをはじめファーム・エイド銀座や屋上の緑化活動を応援いただいているバーテンダーやクラブ、飲食店の経営者の皆さん、本当にありがとうございます。今後とも引きつづきどうぞよろしくお願いします。

そして、銀座でミツバチの産みの親ともいうべき養蜂家の藤原誠太さん、本当は藤原さんに屋上を貸して、ミツバチを飼ってもらうつもりでしたが、いつの間にか自分たちが飼うことになりました。おそらく、藤原さんに屋上を貸してハチミツをわけてもらっての活動では、今のような発展はなかったと思います。それでも、藤原さんと出会わなければ、銀座ミツバチプロジェクトは生まれませんでした。

ミツバチの伝道師・藤原誠太さんには、これからも変わらぬご指導、ご鞭撻をお願いすると同時に、いつも変わらぬ感謝の気持ちをお伝えしたいと思います。どうもありがとうございます。

また、今のような活動をつづけられるのは私を有機農業の世界に導いてくれた、有機栽培あゆみの会・㈲アグリクリエイトグループの斉藤公雄代表のお陰です。有機農業や食品リサイクルを通して、環境活動とビジネスを結びつけ、ソーシャルビジネスに発展させたのが斉藤代表です。

岡山県新庄村、栃木県茂木町、そして茨城県の各地で「みつばちの里の米づくり」がはじまりました。ミツバチが都会の消費者と地域の生産者の橋渡しになり、「食べることで地域の環境を応援する」ライフスタイルを発信し、ミツバチマークを新しいオーガニックマークに発展させていきたいと思います。

このような新しい活動にチャレンジしつづける私を支えてくれる東京支社のスタッフや茨城本社の皆さんにもこの場を借りてお礼申し上げます。また、仕事の後、写真の編集に協力してくれた東京支社の伊藤仁さん、野口みゆきさん、竹内翔平さん、ありがとうございました。

そして最後になりますが、いままで私の活動を陰で支えてくれた妻のさやかに感謝とお礼の言葉を捧げます。結婚して以来いつも帰りが遅いうえ、週末も仕事やイベントでほとんど家にいない私は、家事や子育てのすべてを妻に任せてきました。

また、銀座ミツバチプロジェクトをはじめてからは事務局業務を任せ、銀座ミツバチプロジェクトの発展期やファーム・エイド銀座の黎明期にはずいぶん苦労をさせたり、時にはクレームの矢面に立たせてしまったりしたこともありました。そうした妻のお陰で今日があります。今は銀座ミツバチプロジェクトの仕事のほかに、NPO銀座農業環境イニシアティブの事務局や一般社団法人日本在来種みつばち協会の事務局長として頑張ってもらっています。

私には、まりあ（13歳）、一郎（10歳）、二朗（1歳）の3人の子どもたちがいます。まりあと一郎は、もうこの本が読めると思います。本書を読んでの感想をぜひ聞きたいと思います。また、これをきっかけにお父さんの考えや仕事のことを話し、子どもたちの将来についても一緒に考えていきたいと思います。また、二朗からも将来、本書を読んでの感想を聞きたいと思います。子どもたちは本の中の小さい頃の自分や一緒に行った田んぼのことも思いだすでしょう。子どもたちの将来を思い、ほのぼのとした気持ちで筆をおきたいと思います。

この子どもたちが大人になる頃その孫たちに豊かに暮らせる自然や環境を引きつげるよう、私たち大人は、「自然と共生する社会」を実現していきたいと思います。

2012年9月吉日　高安和夫

今なぜ都市養蜂なのか？——都市養蜂から見えてきたもの

株式会社紙パルプ会館専務取締役
特定非営利活動法人銀座ミツバチプロジェクト副理事長
農業生産法人銀座ミツバチ代表取締役　田中淳夫

皆さん、銀座の生きものというとなにを連想しますか？　カラス、ネズミ、それとも夜の蝶、大トラ、とぼけた狸？　なかなか自然環境と縁が遠い感想をお持ちかと思います。

本書に書かれているように、7年前、高安さんとほんの遊び心からビルの屋上でミツバチを飼いはじめました。そのミツバチが受粉することで、今年もソメイヨシノにたくさんの実がつきました。

しばらくすると今度はその実を鳥が食べはじめます。初夏には毎年ツバメが飛来してミツバチを食べにきます。さらに、一千平米以上に広がった銀座ビーガーデンと称する屋上緑化には、イチゴ、レンゲ、ブルーベリーやカボチャの花が植えられ、たくさんのミツバチが訪花しています。秋になると今度はコオロギが一斉に鳴き、ミミズやトカゲも出てきます。さらにこの虫を食べにくる鳥たちもやってきて、屋上は思いのほか賑やかです。

ちょっと上空から俯瞰すると、毎日多くの人が行き来する銀座の街に、じつはさまざまな生きものの世界があったのです。本書をお読みになって、「銀座の多様性」がよくおわかりになったと思います。

昨今、「都市と環境の共生」が大きく取りあげられていますが、あれこれ議論ばかりでは、なかなか自然を自分のものとして捉えられません。でも、環境指標となる小さなミツバチがいるだけで、多くの人びとが都会の中でもミツバチを通して自然を感じることができるのです。

巣箱から巣を取りだす田中さん

アピモンデア（国際養蜂協会）の渡辺英男元理事（現顧問）が「都会には昆虫などが少ないために木々がなかなか受粉できない。しかしミツバチが飛ぶと受粉し、緑が豊かになって生態系の連鎖が動きだす」と説明してくださいました。
この渡辺氏が１９９５年ローザンヌのアピモンデア世界大会でエコノミーコミッション議長をされたとき、「今後は世界で都市養蜂を広めよう」と宣言されたそうです。その理由として一番問題なのは都会の人びとの環境に対する無関心であり、街中であってもできるだけ小さな昆虫を通して足元の環境に関心を持ってほしいという趣旨からでした。
現在、パリのオペラ座、エッフェル塔などでの都市養蜂

都市と自然をつなぐミツバチ（カワチキララ氏提供）

が有名ですが、ワシントンでもオバマ大統領が、ホワイトハウスハニーとして飼いはじめ、特別な賓客にお土産としてハチミツを提供するなんて話も出てきました。ソウルや香港からも都市養蜂の仲間たちは訪ねてきます。日本でも、数年前から北は札幌から仙台、名古屋、大阪、小倉、鹿児島など全国でミツバチを飼う「ミツバチプロジェクト」が街の活性化に向けて動きだしました。

こうした考え方にくわえて昨年の震災が、さらに私たちの活動に大きな影響を与えました。豊かさを享受してきた都会の生活も、震災後の津波による原発事故から、昨年の今頃は電力制限によりデパートや飲食店の営業時間が厳しく制限されたため、街中が暗くなり、しまいには電車までも止まってしまいました。人気のない暗い銀座ははじめてでした。原発事故も含めて私たちの日本はこれからどうなるのかと、暗澹たる気持ちになったことは記憶に新しいと思います。

あれから一年、震災から落ち着いたように見える街の景色ですが、被災地の変わらない光景を思いだすと今でも胸が痛くなります。私たちはこの教訓からなにを学んだのでしょうか？　食べるものだけでなく、水もエネルギーも周りの自然環境から恵みを受けて存在していることが、この度の出来事で否応なく理解させられました。

ミツバチは一匹では生きられません。同じように人間もひとりでは生きられないし、都市もそれ自体では存在しえない。さらに強い生きものだけが栄える社会はありえません。小さくて弱い存在の生きものであっても共存し共生できることが社会の安全安心です。がんばれる人ばかりでなく、がんばろうとしていてもがんばれない人も安心して住める都市が、これから目指すべき社会のあり方でもあります。であればこそ、ミツバチの生き方に謙虚に学び、そしてつながることで今ある問題の解決を図ることが大切だと思います。

高安さんも書いているように、ミツバチたちは、私たちにあるべき社会のあり方まで教えてくれました。これからは、全国に広がった都市養蜂の仲間たちと、つながることで社会に貢献し、都市と地域を結ぶそんな役割も見えてきました。

銀座で感じる「里山」の季節の移ろい

クラブ稲葉オーナー
一般社団法人銀座社交料飲協会理事
白坂亜紀

銀座の屋上で養蜂しているという話を、いつのころからか耳にするようになりましたが、まさか、それにたずさわることになるとは思いもよりませんでした。私は銀座で料理屋やバーを経営していて、私自身はクラブのママが主たる仕事です。

ある日、銀座ミツバチプロジェクトの皆様が私の元へいらして「ぜひ、ママたちにも参加してもらいたい」と。しかも、銀座の屋上に農園をつくるので、そこで農作業をして欲しいというお話でした。

日が暮れてから活動をはじめる私たちが農作業？　戸惑いましたが、銀座の街のためになることなら、とお引き受けすることにしました。まずは親しいママや私の店のホステスに声をかけて、銀座の養蜂場へ。元気に飛ぶミツバチたちの姿をかわいいと思いました。そのミツバチは、蜜を集めるために、皇居や浜離宮など数キロメートル離れた場所まで飛んでいると知りました。近場に農園をつくることで、ミツバチの蜜源にもなり、さらに銀座屋上緑化にもなります。早速、農作業に取りかかりました。最初は、高安さんにご指導頂きながら、ハーブや野菜を植えましたが、みんなで一緒に土いじりをすると、すっかり童心に返って、ママたちが和気あいあいと仲よく作業に没頭します。活動は広がって、白鶴酒造さんのビル屋上の稲作もお手伝いさせて頂くようになりました。田植えをするために裸足で田んぼに入る感触は、なんとも言えず気持ちがよいものです。そして、その稲が美しい緑色になって成長し、黄金色に実り、いよいよ秋には稲刈り。

そんな季節の移ろいを、大都会銀座にいながらにして体験すると、どんどん気持ちが豊かになります。

「銀座里山計画」という壮大な夢を、最初に高安さんからお聞きしていましたが、銀座に少しずつ農園が広がり、ミツバチが飛んで、その交配のお陰で果実がなり、鳥が集まるという生態系の姿を垣間見ることができるようになりました。そして、ブティックやデパートで働く方々、近隣の小学生たち、私たち飲食業など多様な職種の皆様が集ってともに作業をすることで、人と人のコミュニケーションが広がって、まさに銀座は、「里山」の人間関係を築きつつあります。やがて、私たちの飲食店1700店の組合、㈳銀座社交料飲協会の中に「銀座緑化部」が設けられ、ママたちだけでなく、バーテンダーや料理人も、農作業に参加するようになりました。せっかく屋上で農園をするのなら、いろいろな地域の名産を植えて、それを銀座飲食店で使って広めようと、今や銀座の屋上には多くの地域の野菜が育っています。それを銀座の発信力でPRするとともに、地域の皆様との交流も重ね、料理人やバーテンダーとともに生産者を訪ねる機会も増ました。私たち飲食業にたずさわる者と、生産者が親しく交流することで、農作物に対する関心もますます深まり、「銀座は世界一の食の街」というだけでなく、「食の安全」という新ブランドをつくることにも繋がるのではないか、と考えています。

日本の農業の大切さ、伝統食材の素晴らしさも、今後もっともっと、銀座から発信し、伝えていきたいと思います。大都会と農業が近く密接な関係にある、それが、今後の世界の都市のモデルにもなれば、と願っています。

ミツバチは世界に通じる

養蜂家　藤原誠太

「ミツバチは天職であり、生まれ変わっても必ず養蜂家になりたい!!」と、私は事あるごと、会う人びとに吹聴してはばからない。わずか2センチメートルにも満たないミツバチ。しかし、このちっぽけな昆虫が、大昔から世界中の人びとの食料生産に欠くことのできない働き（作物の受粉）をつづけている。いや、人びとだけではない。生態系の豊かな地域、単調な地域を問わず、大自然の営み、緑のあるところには、必ずといえるほどミツバチが関わっていることを、幼い頃に祖父から教わった。

私の祖父は、明治34年、弱冠8才のときに、ニホンミツバチの一群をたまたま実家の畑で捕え、飼育を始めた。たぶんそのとき、あっという間に祖父の人生は決定したのかもしれない。幼な心に、ミツバチの勤勉さ、団結力、植物への受粉貢献、そして、甘く身体にも良い〝ハチミツ〟の魅力は抗しがたかったに違いない。

東北初の専業養蜂家になり、人びとに惜しむことなく養蜂技術を流布し、95歳で天寿を全うして、みごとな大往生であった。じいさん子だった私は祖父のかたわらにいる機会が多く、祖父の生活のすべてがミツバチを中心に回っていたことを覚えている。

私の父も養蜂を習い、しばらくは祖父について回っていたようだが、どちらかというと父は、生産された養蜂の多角利用に進んでいった。当時では誰も考えなかったぜいたくな蜂蜜アイスクリームや、ハニーカステラ、どら焼きなどを大規模に生産。とくにアイスクリームは大ヒットで、その製造に必要な冷熱ポンプを利用して室内スケートリンクまで経営していた。

私も中学生の頃は、一時フィギュアスケートの選手をめざすまでになったこともある。しかし、やはり、幼い頃に感じた、自然の中に身を置くことの〝安らぎ〟が忘れられず、自然に直接関われる仕事でないと私は満足できないと悟った。

大学も東京農業大学（国際農業経営研究室）に進んだ。なぜなら当時、国内では公害問題、森林破壊が進んでいたため養蜂事情は大変悪化しており、海外での養蜂経営の道を考えてのことだった。

余談であるが、私には幼い頃からひどい〝ミツバチアレルギー〟があったことを告白する。刺されると、目の前はまっ暗、鼻水は出続け、耳も聞こえず、最後は数時間昏睡状態になるめずらしい特異体質であった。

しかし、目指していた南米には猛烈に刺すミツバチが生息しており、克服しなければその夢も絶たざるを得ない。そこで、苔の一念。毎日、数十匹のミツバチを用意して、自ら体に刺させる荒療治を行なった。すると願いが神様に通じたのか、一度は非常に腫れたが、そのとき以後、アレルギーはすっかり消えさったのである。かわりにミツバチへの愛着と研究心は大きくなるばかりであった。

北南米を一年間、移住先も考慮しながらミツバチ研究をつづけてきたが、ひとつはっきりと認識できたことがある。それは、歴史的、経済的背景によって国ごとに形式（姿・形）の違いはあるにせよ、どこでもミツバチは大切にされ、ハチミツも重宝されていることである。キリスト教圏などでは、それ以上にミツバチの体から出る巣の素材「蜜蝋」がロウソクの材料として限定使用され、宗教儀式に欠かせないものとなっている。同様にミードというハチミツからつくられるお酒も新婚の儀式に利用されている。

さて、その頃の私は、日本を見限っていたように思う。大学在学中、移住の下見を兼ねて北南米をミツバチの研究や研修を重ねて回ったときは、あらゆる物事のスケールの大きさに度肝を抜かれたものだ。そうこうして、資金調達のため一時、盛岡に帰省していたとき、偶然にもニホンミツバチと出会ったわけである。海外からのセイヨウミツバチによる養蜂が、現代いわゆる先進国においては、九分九厘行なわれ、祖父が初めに出会ったトウヨウミツバチの一亜種、ニホンミツバチでの養蜂は、量産主義の時代において久しく忘れられていたのである。

しかし、このニホンミツバチの秘められたすばらしい能力、団結力、耐病性などを知れば知るほど、とりこになってしまった（私の祖父のように！）。とうとう私は、ニホンミツバチの生息しない南米行きをあきらめ、今こうして、まだまだ明らかにされ終えないニホンミツバチとつきあっているのである。

この本の著者の高安氏、その相棒の田中氏、そして呼びかけに応じた銀座ミツバチプロジェクトの面々は、私と偶然出会って（しかし、じつはハチの神様に仕組まれて）、これまでと同様にこれからも、ミツバチと人びととの無限のコラボレーションが広がっていくことをさらに実感することでしょう。

アサヒビール発行・清水弘文堂書房編集発売

ASAHI ECO BOOKS最新刊一覧（2007年7月〜2012年10月現在）

No.21 田園有情
写真・文　あん・まくどなるど　監修　松山町酒米研究会　1990円（税込）

No.22 古代文明の遺産
高山智博　著　1500円（税込）

No.23 地球リポート
Think the Earthプロジェクト　編　1780円（税込）

No.24 大学発地域再生　カキネを越えたサステイナビリティの実践
上野　武　著　1500円（税込）

No.25 再生する国立公園　日本の自然と風景を守り、支える人たち
瀬田信哉　著　2200円（税込）
日本図書館協会選定図書（第2680回 平成21年4月1日選定）

No.26
地球変動研究の最前線を訪ねる 人間と大気・生物・水・土壌の環境
小川利紘／及川武久／陽 捷行 共編著　３１５０円（税込）
日本図書館協会選定図書（第２７１９回 平成22年３月３日選定）

No.27
気候変動列島ウォッチ
㈶地球・人間環境フォーラム 編　あん・まくどなるど 著　１５７５円（税込）

No.28
においとかおりと環境　嗅覚とにおい問題
岩崎好陽 著　１６８０円（税込）

No.29
樹寄せ72種＋3人とのエコ・トーク
栗田 亘 著　１８９０円（税込）

No.30
マンガがひもとく未来と環境
石毛 弓 著　１６８０円（税込）
日本図書館協会の選定図書（第２７６５回 平成23年３月30日選定）

No.31 森林カメラ　美しい森といのちの物語

香坂　玲　著　１６８０円（税込）

No.32 この国の環境　時空を超えて

文　陽　捷行　写真　ブルース・オズボーン　１６８０円（税込）

No.33 自然の風景論　自然をめぐるまなざしと表象

西田正憲　著　２３１０円（税込）

日本図書館協会の選定図書（第２７４８回 平成24年5月23日選定）

No.34 地球千年紀行　先住民族の叡智

月尾嘉男　著　１８９０円（税込）

日本図書館協会の選定図書（第２８０１回 平成24年1月25日選定）

※各書籍の詳細は清水弘文堂書房公式サイトにてご確認ください

http://www.shimizukobundo.com/asahi-eco-books/

清水弘文堂書房の本の注文方法

電　話　03・3770・1922
FAX　03・6680・8464
Eメール　mail@shimizukobundo.com
※いずれも送料300円注文主負担

電話・FAX・Eメール以外で清水弘文堂書房の本をご注文いただく場合には、もよりの本屋さんにご注文いただくか、本の定価（消費税込み）に送料300円を足した金額を郵便為替でお振り込みください。
為替口座　00260・3・59939　清水弘文堂書房
確認後、一週間以内に郵送にてお送りいたします（郵便為替でご注文いただく場合には、振り込み用紙に本の題名必記）。

銀座ミツバチ奮闘記　都市と地域の絆づくり
ASAHI ECO BOOKS 35

発　行　二〇一二年一〇月一〇日
著　者　高安和夫
発行者　小路明善
発行所　アサヒビール株式会社
住　所　東京都墨田区吾妻橋一・二三・一
電話番号　〇三・五六〇八・五一一一
編集発売　株式会社清水弘文堂書房
発売者　礒貝日月
住　所　東京都目黒区大橋一・三・七・二〇七
電話番号　〇三・三七七〇・一九二二
FAX　〇三・六六八〇・八四六四
Eメール　mail@shimizukobundo.com
ウェブ　http://shimizukobundo.com/
印刷所　モリモト印刷株式会社

© 2012 Kazuo Takayasu　ISBN978-4-87950-610-8　C0045